創辦人價值觀與公司文化構建——

何善衡與恒生銀行早期文化

葉保強、何順文 著

無道人之短　無說己之長
施恩慎勿念　受恩慎勿忘
世譽不足慕　唯仁唯紀綱
何善衡書

● 何善衡的座右銘，手稿獲何善衡慈善基金會授權刊出。

序之一

寫這本書，實屬偶然。

年前收看一套介紹香港歷史的舊的電視節目，節目提及恒生銀行的創辦人何善衡先生曾出版過一本小書，談及他的經商理念及經驗。這通消息激起我莫大的興趣，因為據我對香港華商的有限了解，老一輩華商很少談個人的經營思想或價值觀，遑論將之成書了。其後在中文大學聯合圖書館內找到這本名為《閱世淺談》的小書，薄薄的一本，只有百來頁，翻看目錄時，發現其內容相當齊全，職場上品德、工作態度及處事方式都有觸及，還有談及上級領導如何領導下屬。何善衡在序中說明，此書的內容來自他在六十年代對年輕員工培訓時的講話材料，講話主要是介紹他本人經商的經驗及修身處事的道理。我認為，這些講話不單可以間接反映當時的社會價值及商業氛圍，同時，亦是何善衡本人的價值觀及為商之道的論述。小書之外，還有一本《閱世淺談續篇》，裏面只有二章。兩書合起來，是何善衡的價值觀的珍貴的文字紀錄。

跟着要問的是，何善衡的商人之道，究竟對恒生的員工產生什麼作用？他們會認同嗎？這些價值會成為員工在職場甚至人生的思想及行為的依據嗎？何善衡作為恒生的創辦人之一，他的價值究竟跟恒生銀行早期的公司文化有何關連？恒生銀行的文化受到何善衡的價值有多大的影響？回答這些問題，便是一個有趣而重要的公司文化研究課題。

公司文化是我多年的研究興趣，上世紀九十年代在《信報》的專欄，不時有討論公司文化的文章，其後亦有出版相關的著作[註一]。近年對創辦人的價值觀跟公司文化的關係多了反思，這方面是早期作品所關注不夠的。經過好幾年的研究探討後，將成果成書出版[註二]，作為我對公司文化研究的新一階段的總結。何善衡的價值觀跟恒生銀行的關係，正好是創辦人與公司文化的一個個例，而創辦人與公司文化亦是探討這課題的一個適當的理論架構。理論架構之作用，是令經驗資訊更能完整地呈現豐富的立體圖像，讓讀者更易解讀創辦人與公司文化之間深刻的聯繫，更易呈現商業文化的深層意義。

二零一八年五月，一次與好友順文兄會面時提及何善衡之事。順文兄時任恒生管理學院（二零一八年底正名為大學）校長，對此甚感興趣，有意共同研究此課題。

畢竟該校前身是恒生商學書院，是何善衡一手構思及創辦的，學院跟何善衡有深的關係自不待言。我依他的建議，草擬一份研究的規劃，讓何善衡的兒子何子樑醫生參考，希望他能支持及提供寶貴資料。何子樑醫生很快回應，對此計劃極表支持，並願意提供相關的文獻與人脈。之後，經歷一連串的訪談，在恒生過去的員工的口中獲取了不少的資訊，更深入了解何善衡的為人行事及對員工的影響，以及恒生銀行的早期文化。

順文兄擔任校長一職，公務甚忙，因此他要求研究及撰寫書稿主要由我來承擔，他另會負責聯絡恒生銀行有關的員工作為訪談的對象，共同參與訪談及之後的資料整理及主理出版聯繫事宜。在此我對順文兄能在百忙中願意共同合作研究，深感謝意，亦佩服他仍保持了昔日的學術熱情。事實上，順文兄在企業管治及家族企業的專業，對這項研究很有幫助，大家在研究的主要議題的認定及進路，以及訪談的規劃及重點等方面都有深入及廣泛的交流與討論，雖然大家的學術背景不同（他專業是實證管理學，我則是社會科學及哲學），但在共同議題上卻可互相激盪，產生多元及互補的效應。書稿雖然由我執筆，但順文兄的不少意見令文稿更為完善。他扮演了出色的評論的角色，令我把問題想得更清楚，文字表述更精確。

我跟恒生銀行結緣，最早在上世紀七十年代。當時恒生銀行在中文大學開設了分行，我人生的第一個銀行戶口是在范克廉樓內的恒生分行開立的。稍後，我跟數名新亞書院同學合資創辦了一家樓上書店，取名「南山書屋」，地址在旺角洗衣街，開戶的銀行是恒生銀行旺角分行。有時到銀行辦理事務時，迎上的都是彬彬有禮，笑容可親的職員，令人印象深刻，感覺很舒服。

在老一輩港人的心目中，恒生向有「街坊銀行」的美名。我想測試一下這個印象在嬰兒期一代人究竟是否有類似的印象，於是在前年（二零一八年）找了一些那年代出生的朋友，請他們將他們心中的恒生銀行的印象，用簡單的文字書寫出來。結果證明，街坊銀行這個好名聲，恒生銀行是當之無愧的。這些市民印象都記錄在本書之第五章內。

本書訪談了二十多位恒生銀行昔日高層管理人及員工（另小部分為恒大校友暨在職員工），獲取不少有關恒生公司文化及人事的寶貴資訊，在此對諸位被訪者表示深切謝意（受訪者名單見於附錄）。值得一提的是，恒生前高級職員關士光的自傳式著作註三，陳述了不少昔日恒生的人與事，對了解恒生公司文化很有幫助。其次，我感謝順文兄的兩位助理葉晉寧和關灝林協助訪談的紀錄。一些朋友（見附錄）接受我的邀請，表達了對昔日恒生的印象，我在此表示謝意。

我感謝《信報》創辦人林行止先生的雅意，在《信報》開設一個商業倫理的專欄，讓我有一個很好的平台談論商業倫理及公司文化等課題，以及加強了我對這些題目持久不衰的興趣。那些年，商業倫理是個冷門領域，本地報章不甚關注，然林先生獨具識見，眼界廣闊，敢為人先，開闢了相信是當時本地報章的首個商業倫理專欄。我也要答謝梁寶耳先生多年來的鼓勵與友誼，我倆雖是忘年之交，但他的好學、深思、智慧及對世局的關懷，對大是大非的不妥協，給我無窮的啟發。我祝願他老而彌堅，健如松柏。

寫何善衡先生，寫恒生銀行文化，目的是想還原昔日香港的一段歷史，讓更多人對香港華商及華商文化有更深的認識。若能引起讀者的關注與興趣，也算是對所作努力的令人欣慰的成果。本書是對華商文化研究的新嘗試，拋磚引玉，望有識之士共同探討，不吝賜教[註四]。

葉保強

雲起居

二零二零年三月十日

一・見（葉保強，2005；Ip, 2002, 2003a, 2003b）。

二・見（葉保強，2019）。

三・（Kwan, 2009）

四・利益申報：我現時並沒有恒生銀行的戶口，沒有持有恒生銀行的股票，亦沒有跟銀行有任何財務關係。

序之一

這本書的起源，是近年退休後住在台灣的葉保強教授，於二零一八年五月中到訪香港恒生大學（恒大）期間，與我相談在商德與領導價值共同研究合作機會時，向我首先提出的。當時我很快作出回應，認為這是一個很有意義和價值的研究計劃。

策略管理學研究文獻指出，創辦人所抱負的價值觀和信念，對其企業發展有着無可比擬的深遠影響。一直作為最成功的本地銀行及最大上市公司之一，「恒生」二字有「永恒生長」之意，象徵與持份者一同成長。自一九三三年創立以來不斷追求卓越，獲獎無數，成為地區銀行的典範之一。這個成就無疑與其優質公司文化（或稱「企業文化」）和核心價值有關。

我們認同何善衡先生是我們共同敬佩的香港首代鮮有華商典範，身體力行傳統儒家君子精神，而他的個人價值觀與信念的形成、實踐及如何構建恒生銀行早期的文化，是一個重要課題但一直缺乏應有的研究、討論和關注。

這個研究計劃探討恒生銀行創辦人之一何善衡先生倡議的處世之道及為人價值及其

與恒生銀行公司文化的關係，包括他所倡議的價值內容如何在公司內傳遞？員工如何認知和接納其價值？價值如何植入內化成為公司文化的基石？如何反映在管理制度、員工行為及待客之道上？在何先生離開後接班高層在環境變遷中如何對文化作保存、傳承和更新？恒生銀行早期文化在今天華人社會與世界的意義為何？及如何跨越恒生銀行的文化讓其他華商甚至各國企業能取經借鑑？

我認為何善衡先生巧妙地汲取了傳統中華儒家的美德、成功儒商的管理哲學，加上新移民的拚搏創新精神，逐漸變成恒生銀行的獨有企業文化價值，包括如大家庭文化、重視誠信、用人重德於才、團隊精神、好學社群、不分階層以客為尊、念舊文化及回饋社會等。銀行一直擁有強勢和優越文化，員工對組織文化有強烈認同感和忠誠度。雖在六十至八十年代香港企業一般不熟悉「企業文化」的概念和少有文字描述，而恒生這種內在強勢企業文化在這個年代香港華商機構是很少見的。

滙豐於一九六五年收購恒生銀行後，一直奉行一行兩制，讓恒生保留高度自主性，維護其傳統文化。自創辦人退休離開後，從滙豐過往二十年派往恒生主政的幾位恒生前行政總裁的訪談，似乎都有這個共識。但當企業文化已發展成熟穩定，組織就需要有計劃方略來維繫優質文化元素的傳承。例如要靠高層的言行及領導力建立起規範，加上員工的招聘、培訓、溝通、獎勵和去留制度，由上而下影響每一階層的員工。管理層對組織文化也要不斷提煉、注入新活力並作更新改進，與時並進（例如減少強勢文化會阻礙員工嘗試新思維與新方法的隱憂）。但一些去蕪存菁、較經典恒久並普世的恒生文化價值，不但能有助於中華商道的構建，甚至可成為各地很多企業參考借鑑及永續經營的文化資本。

時移世易，滄海桑田。面對愈加競爭激烈的市場環境、監管與合規的不斷要求、科技的日新月異、客戶需求的不斷提升、年輕一代員工的心態、風險因素愈加複雜、母公司滙豐新政策及新高層的管理理念，恒生的政策和企業文化也不斷作適應、調節與優化。恒生銀行在變化中如何保存有高度價值的文化性格和特色，都是很多恒生銀行老員工、退休「校友」和其他持份者所關心的。

◎與何善衡和恒大的緣份

我於二零零四年初出任恒生管理學院（恒管）校長。恒管的前身是在一九八零年開辦的恒生商學書院（恒商），於二零一零年轉制為四年制學位頒授院校，並在二零一八年經國際評審獲港府批准正名為香港恒生大學（恒大）。恒商就是何善衡先生於一九七零年代初構思創立的，以提供高中畢業生多一個升學途徑，培育更多商界人才。何善衡先生委託銀行總經理利國偉先生全權負責籌建校園工作。何善衡慈善基金會與偉倫基金會從創校至今一直對學校的發展大力捐助，何善衡先生兒子何子樑醫生及利國偉女婿梁祥彪先生亦多年擔任校董至今，為學院出謀獻策，盡心盡力。

擔任恒大校長一職，自然有很多機會了解創辦人何善衡先生的價值觀及生平事跡，特別是他提出「學以貴恒、本立道生」與「商道唯誠」的做人處事原則。回頭再看我中五畢業後曾參加恒生銀行舉辦的「銀行業務初級進修班」（有文獻說是恒商之前身），並獲時任銀行董事長何善衡先生簽發的聽講證書，因此我也很幸運算是何先生的「學生」和恒商的「校友」之一。之後亦有使用當時銀行的免費「海外留學諮詢中心」輔導服務，得以順利赴美國升學。因此我與何先生與恒生銀行的緣份，得以在恒大任職後再延續，並受何先生與利先生創辦恒商的抱負、奉獻事跡與故事深受啟發。我個人深感榮幸與感恩之餘，亦感有責整合與傳承何先生的營商與辦學信念，以作青年教育材料。我亦誠望恒大仝人、校友及同學能多了解感受何先生的個人哲學和辦學初心，飲水思源，從中學習自我成長，和不斷回饋造福社會。

◎與葉保強教授的合作

我與保強兄認識超過三十多年，在上世紀八十年代末起我們曾一起共事於港府廉政公署公共教育委員會，對反貪及商德有共同教研興趣。在九十年代他在《信報》開設「企業倫理」每周專欄，而我在《信報》專著「企業管治」每周專欄，因此也成為「地盤戰友」。我們也曾共同出任國際著名學報《商業倫理學報》（*Journal of Business*

Ethics）和《亞洲商業倫理學報》（*Asian Journal of Business Ethics*）的編委工作，推動地區的商業道德與管治的理論與實務。

保強兄二千年代初離港出任台灣國立中央大學哲學研究所教授，並擔任該所應用倫理研究中心主任，推動應用倫理學的教研，出版包括企業倫理、領導學、中華商道與企業文化等論文及專著。他在二零一六年退休後，間中到恒大訪問交流。今次有幸與他合作這個研究計劃，但由於我日常行政職務繁忙，他願意擔當為書稿的草擬者，大大提升了研究與撰寫的質素和效率。

在分析研究與審訂書稿章節的期間，與保強兄彼此有認真的學術討論，對一些觀點用字間中亦有不同意見（他專哲學及社會科學，我攻實證商管）。但站在尋找學術真理或開拓知識新領域的視角上，互相取長補短，這個思辯過程是對著作內容認真投入的體現。

◎對眾友好支持的感謝

本書得以順利出版，實有賴多位人士對研究項目所提供的幫助和支持，讓我在此表示衷心的感謝。在籌備是項研究計劃時，曾請教於何子樑醫生，並得到他熱心支持提供有關何善衡先生的一些生平寶貴資料和照片。感謝二十多位恒生銀行不同年代高層和員工（見附錄）的參與個別訪談和分享點滴，透過梳理他們對課題的個人經歷體驗，連同其他資料分析（特別是銀行前職員盧德來先生提供之舊照與剪報），使我們得以把創辦人智慧結晶，可以整合結集成書。

感謝恒大校長室鄭玉儀女士與楊秀芳女士協助項目的部分聯繫工作。感謝兩位學生研究助理葉晉寧與關灝林同學的辛勞資料搜集整理任務。感謝恒大教學人員研究資助計劃及 CMG 安基國際財務策劃有限公司對出版經費的部分資助。還要感謝信報出版社出版經理關詠賢女士及編輯團隊協助本書出版事宜。其他曾向本書作者作幫忙指導的友好，恕未能盡錄，謹在此一併致謝。

在定稿期間，香港仍值社會風波及全球面對新冠狀病毒疫情，社會經濟較為動盪。恒大作為地區內最注重倡議負責任管理與可持續發展的高校，我覺得這個研究計劃正合時宜。我們要返回基本人文倫理與價值，形成學生及年輕人的完整人格。研究計劃屬獨立學術研究性質，書中內容如有錯漏，將由作者個人負責，並敬請各方包涵指正。

何順文
香港恒生大學
二零二零年三月十六日

鳴謝

本書的寫作，有賴下列人士在百忙中接受訪談或調查，提供寶貴資料，在此深表謝忱。

一，接受面見訪談，陳述有關恒生銀行過去的人與事的人士、恒生商學書院校友及恒生銀行的前任職員（排名不分先後）：

鄭錦波先生、李錦鴻先生、莫偉建先生、區翠華女士、趙承志先生、張江亭先生、關嘉宇先生、梁綺媚女士、冼為堅博士、李慧敏女士、何子樑醫生、陸觀豪先生、林文河先生、陳雪紅女士、鄭海泉博士、馮鈺斌博士、唐慶綿女士、馮漢章先生、馮孝忠先生、梁永祥博士、薛嘉明先生。

二，接受電郵或電話訪問，陳述對恒生的印象的朋友（排名不分先後）：

張越華、黃紀鈞、陳海昌、葉棨枝、潘光明、丁偉、譚民偉、冼澤輝、譚瑞英。

三、恒生銀行借出珍貴歷史圖片並授權作者使用。

聲明

本書乃獨立學術研究。為免內容與商業機構有所連繫，除部份圖片外，作者未有向恒生銀行現任管理團隊蒐集任何資料。

目錄

第三章　何善衡的恒生人生

第四章　何善衡的價值觀

第一章 導言

香港自開埠以來，英殖民政府就刻意將這個小島打造成自由港，以利英帝國在遠東的貿易。貿易成為推動香港經濟發展的引擎，帶動商業的興起與繁盛。香港因商而起，因商而興，商業是香港的基本性格，香港是一個十足的商業城市。港人腦筋靈活，活力充沛、海洋心態，接受變化，適應力強，令這商業城市不斷成功地發展及轉型。自上世紀五十年代到七十年代的製造業為主的經濟到在八十年代後期開始成功轉型為服務業，最後發展成國際金融中心，香港都表現出靈活的適應力，強韌的學習力，不斷改造自我，配合時代的發展，創造驕人的成績。

香港之所以能成功，除了港英政府的小政府大社會的不干預政策外，靈活、勤奮、能幹的優秀人才是關鍵因素。在這些優秀的人才中，商人屬於關鍵的一群。不管是外商還是華商，都是香港今天的成就的功臣。以華商為例，從早期從事轉口貿易的南北行商人及金山莊商人，到後來的上海移民企業家，為數眾多的小本經營的山寨廠商人，都對推動香港經濟發展，商業繁榮立下了汗馬功勞。

香港是商業城市，同時是個移民城市。城市從十九世紀中期開埠時的六千人口，經歷數十年，到二十世紀人口升到三百萬，大量從中國南來的移民令人口的大幅增長，不單為這座商業城市帶來商業人才及資金，同時帶來了巨大的勞動力，是推動香港經濟快速成長的關鍵資源。商人群體方面，無論是外商或是華商，都是移民。華商絕大部分來自廣東省，尤其是廣州及珠江三角洲地區的廣州商人，以及潮汕地區的潮商，南北行的華商主要是潮汕商人，這些商幫屬廣義的粵商，主事經營轉口貿易。另方面，從事以紡織業為主的商人多來自上海的，他們是香港早期工業化的功臣。早期在香港佔主導地位的外商都來自英國，以怡和洋行、太古洋行及滙豐銀行的英國商人為代表。

移民商人是開發及推動香港商業貿易的關鍵性推手，他們共同擁有的性格包括了成就取向動機，靈活善變，敢於創業，富適應力，逐利求富心強，而華商更具備華人獨有刻苦耐勞，勤儉持家的文化性格。此外，由於不少的華商都是為了逃避動亂及貧窮而遠道而來的，跟其他逃難來港的華人一樣，他們難免有難民的自覺意識，因而有強烈的求生意志，尋求改善生計及追求美好生活的慾望。香港之成功，除了地理上位於貿易樞紐，以及深水港口外等地利優勢，以及英國殖民政府的自由貿易港及其他的利商政策之外，移民商人上述的特性肯定是不可或缺的因素。

華商精英對香港早期經濟商業社會的影響，近年都有學術的論著，然而這些論述大致上都着眼於華商作為社會精英社群在政治及社會上的影響力，而鮮有從公司文化角度探討，分析華商如何利用公司組織經營，尤其是如何依照自己的願景或價值來營造公司文化，制定經營規則，成功地將業務發展。商人若要在商場上取得優勢，成功發展業務，不能單打獨鬥，而需要集結各方人才，組成公司，制定方向及經營策略及方式，始能保持競爭力，成功經營。

公司有文化，文化是創辦人價值、願景、理念的反映，有些創辦人會明確地宣示經營理念或基本價值，而將之制定為公司核心價值及經營原則，有些創辦人則沒有用文字表述經營理念或原則，而是用實際的行為來呈現公司的經營理念或原則。無論是明示或暗示，直接或間接，這些經營理念或原則就是公司文化的重要組成，同時是公司創辦人的價值或願景的表述。公司的成敗，跟公司文化息息相關，成功的公司受益於好的公司文化，失敗的公司不少是毀於壞的公司文化。

香港成功的華商，究竟憑着什麼的公司文化而能脫穎而出，為世稱羨？這些公司文化跟創辦人的價值觀有何關連？創辦人如何將價值制定成公司文化，成為員工的思想及行為依據？指導公司經營的方向？這些顯然是了解香港華商在商業成就方面的重要問題。回答這些問題，肯定有助揭示華商對香港商業文化的開拓與發展的貢獻。華商文化是香港商業文化的重要元素，但相對於其他對香港商業方面的研究，這方面的研究似乎尚待開發。

本書是藉由對創辦人之一何善衡的價值跟恒生銀行的早期公司文化的關係，公司文化如何影響員工的思想行為，以及如何塑造恒生銀行的社會形象的探討，揭示華商的經營文化，特別是創辦人如何打造公司文化，希望有助豐富世人對香港華商文化的認識。本書雖聚焦於何善衡的價值觀及恒生銀行的公司文化，主旨不是為何善衡編寫傳記，亦不是撰寫恒生銀行的歷史[註一]，而是通過對何善衡及恒生銀行文化關係的討論，為了解華商商業文化增加一個視角，擴闊觀察領域。本書的論述主要着眼於恒生銀行前半生，即由上世紀的三十年代至六七十年代，這四十餘年的歲月，是恒生銀行文化的發生期及成形期，姑且視為恒生銀行的早期公司文化。為了表述的方便簡潔，本書一般使用「恒生文化」來代替「恒生銀行的公司文化」，「恒生」代替「恒生銀行」，而恒生文化是指恒生早期的公司文化。

本書共分六章，第一章是本書的理論框架，論述了公司創辦人與公司文化的關係。創辦人除了是公司的創造者及領軍人物外，創辦人的價值更是公司文化的基因，界定了公司的基本精神、經營理念、發展策略、人員制度、競爭形式、同時在策略聯盟、合作夥伴、持份者關係，政商關係的規劃上都滲透着創辦人價值的痕跡。不理解公司創辦人的價值，無法理解其公司文化；對公司文化的理解不足，無法說明公司的行為與決策。創辦人各有不同的個性，創辦人創造了公司的個性，而公司文化則是公司的個性。總之，創辦人價值塑造公司文化，公司文化影響公司大小的行為與決策。此外，本章還介紹了公司文化的內涵與功能，以及對創辦人價值來源，創辦人價值內涵，價值承擔，價值的傳播，價值如何植入公司及價值的傳承價值等方面作出論述。這個框架對分析及理解何善衡與恒生銀行公司文化很有幫助。

第二章是揭示何善衡的恒生人生，敍述何善衡跟恒生銀行的關係。從與友人共同創辦恒生銀號到銀號升格為銀行，遇到六十年代的擠提危機及往後的穩步發展，何善衡的一生都跟恒生銀行緊密綁在一起，期間包括出國訪問學習，循循善誘公司員工，恒生指數的創製等都可展示何善衡的經營風格及智慧。此外，通過對何善衡的團隊、友人馮堯敬、伍絜宜、得力助手何添及長期跟隨他的員工利國偉、關士光、莫偉健等的理解，令何善衡的為人及行事風格更具體地呈現。

何善衡的價值觀是第三章的主題。跟當時很多農村成長的孩子一樣，由於貧窮及教育資源匱乏，何善衡雖只受過幾年的私塾教育，卻能在早年打工的職涯中，學習吸納寶貴的工作經驗，從中領悟不少經營規則及人生道理，形成自己的價值觀。何善衡的價值觀，包括重人情，崇和諧，敬長愛幼，充分反映儒教文化的尊尊、親親、長長的基本原則。此外，他推崇的順從、忍耐、勤奮、節儉、誠實、謙遜、報恩、權威、好學，亦與華人社會所信奉的基本價值一脈相承。他所創製的「善伯八條」的待客之道，拉近了客人與公司的距離，在社會贏得了街坊銀行的好名聲。何善衡的價值觀包含的修身養德、職場倫理及領袖之道，其實也是他理想中的商人之道，對員工在職場內外行事、待人接物及人格的提升都受用。

第四章分析恒生銀行的早期公司文化（簡稱「恒生文化」）的內涵、傳播、傳承。恒生銀行的核心價值，包括大家庭文化、家長治理、敬長尊上、人重德才、以客為尊、好學勤儉、念舊報恩、服務街坊、回饋社會等，都是何善衡經年累月親身向員工的培訓及溝通的成果。他扮演大家長及校長之雙重角色，以其商人之道作為教材，在組織內長期傳播，向員工循循善誘，耐心指導及溝通，讓員工了解、認同、接受及付諸行動，成為行事待客及為人的原則及常規。這些價值的傳播及植入的成果，成就了一代擁有共同價值、理念的「恒生人」。價值傳承的出現，體現在恒生人將價值跨代不間斷地傳遞與落實。

第五章是探討恒生銀行文化出現及形成的歷史脈絡。公司創辦人的價值不是在文化真空狀態出現的，而是有其來源及文化脈絡的，公司文化自不例外，有其時代的背景。人是時代的產物，公司亦然。香港的經濟政治社會的發展，都會對社會中的人與事產生深遠的影響。恒生銀號創立於上世紀三十年代，香港社會仍處於工業化前期，轉口貿易仍是主要的經濟活動，其中南北行貿易是當時的主導力量。五十年代後期香港大量移民湧入，人口激增，提供充沛的勞動力，正值香港開始全面工業化，六七十年代是製造業旺盛期，中小型工廠林立，生產林林總總的產品，外銷到全世界各地，金融業快速成長，華資銀行紛紛成立，為廠家提供金融援助。當時商業活躍，市民收入增加，追求更好的生活。香港整體的經濟發展，包括金融業的發展，都是恒生銀行穩步發展及公司文化形成的時代背景。

第六章是從更寬廣的角度，探討恒生文化與中華文化及中華商道之關係。公司文化是創辦人價值觀的體現，而創辦人的價值觀來源是其所處的文化母體。中華文化是華商文化的根，亦是恒生公司文化的基礎，因此，這一章是恒生文化的根基性的探討。要問的問題是，究竟恒生文化是否包含了哪些有價值的元素，可以成為華人社會商業永續經營的優質元素？本章重溫了何善衡的價值觀及恒生文化的基本元素，認為兩者均包涵跨時代的普遍價值，有助中華商道的構建。此外，本章扼要檢討華人公司文化中彰顯的家族本色。恒生銀行雖不是家族企業，但有家族企業之以公司為家、家長為主的家長制的色彩。值得思考的是，家族企業除了擁有不可否認之優勢之外，仍有不容忽視的缺點或限制。恒生文化是否能產生去蕪存菁的優質家長制，成為企業永續經營的文化資產，肯定是極為有趣的課題。然而，對這個課題作全面深入的論述，恐已超出本書的範圍。

一・銀行的早期歷史目前已有一些著作面世（Chamber, 1991; Kwan, 2009），但有關何善衡的傳記，只有零星散篇，尚未有整本的著作出現。

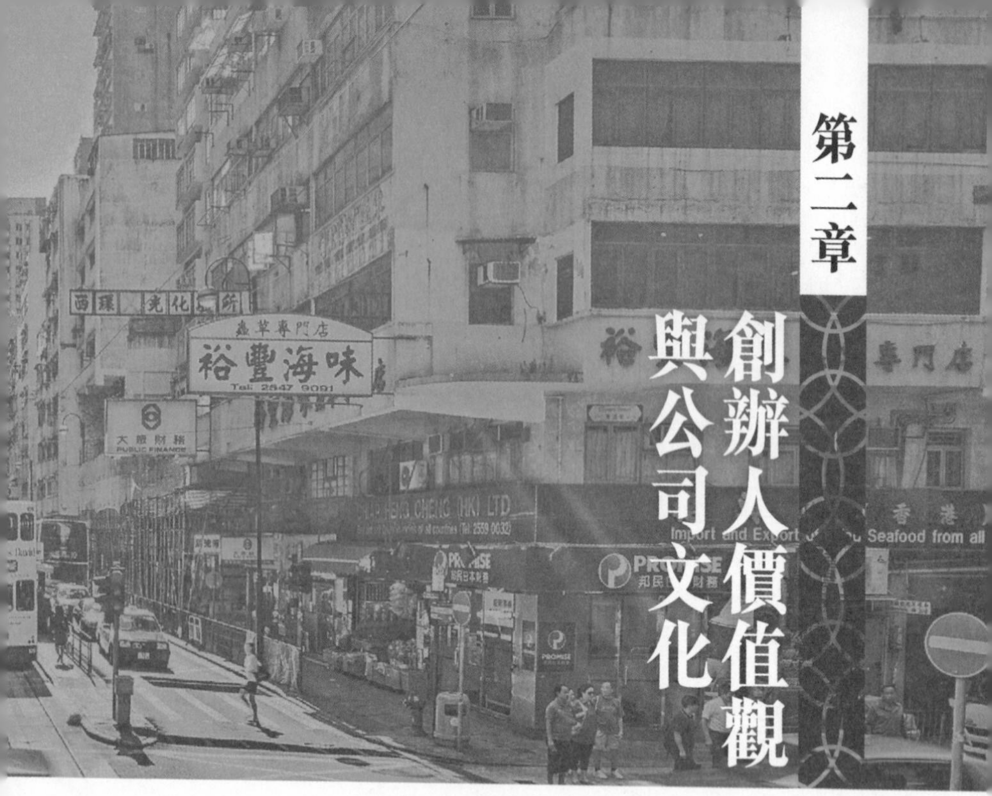

第二章 創辦人價值觀與公司文化

創辦人的價值觀界定了公司的精神內容、經營模式、發展策略、人員制度、競爭形式、策略聯盟、合作夥伴、社會關係，因此公司裏外都滿布創辦人價值的痕跡。不理解公司創辦人的價值，無法理解其公司文化（或企業文化）[註一]。對公司文化的理解不足，無法說明公司的行為與決策。總之，創辦人價值塑造公司文化，公司文化影響公司大小的行為與決策。以著名的企業為例，美國公司如強生、惠普、蘋果等，瑞典的宜家家具公司，日本的松下電器（即今天的樂聲電器），中國的海爾，香港的恒生

銀行[註二]，台灣的台塑集團，統一企業等的公司文化，都深受其創辦人價值觀的影響[註三]。

一・「公司文化」及「企業文化」在本書是同義詞，在文中會交替使用。
二・主要指上世紀六十及七十年代。
三・本章部分資料取材自葉保強，2019。

公司或企業創辦初期，面對諸多的不確定及風險。創辦人由於在組織內的地位比較穩固，以及個人自信比較足夠，比其他員工更能應付或迎接期間所帶來的焦慮不安或經營風險。遇到經營危機時，創辦人及公司的所有人（東主）在公司生存戰中扮演了特殊的角色以保公司的存活。所有人/東主創辦人有十足的誘因將這個角色扮演得最好，因為他們是公司最大的利害關係人。其次，身為公司最大的利害關係人及有能力及願意迎接風險，創辦人多會做一些短期內不一定是最有效率的決策，但這些決策多會反映他們對如何經營會帶來長線好處的想法，以及這些想法背後的價值。東主創辦人經常流露出大機構少有的人情味，與員工及合夥人或商業有來往人建立及維持情感的聯繫及關心。一些百年老店都會視員工為親人一樣，就算經營相當困難，都不會解僱員工。有時亦由於太重人情之緣故，會用人唯親，而放棄用合適的外人。這些在理性管理看來是不一定有效率且不公平的做法，亦會在重視人情的創辦人的公司內經常出現。

公司草創期，首要問題是存活。創辦人的任務，是與合資人或合作夥伴在如何生存發展的大問題上取得共識。具體而言，創辦人必須在公司的核心任務及具體的目標，與合作夥伴作詳細的溝通及達致共識；跟員工溝通，讓員工認識公司的方向。目標制定後，創辦人必須規劃達到目標的手段，包括組織結構、工作分工、獎懲制度、績效準則、紀錄系統、監控機制等；同時，更全面的規劃應包括在組織結構上設有糾正錯誤策略及機制，以回應經營不達標，績效不如期望等問題。以上只陳述一般的過程，具高度概括性，不代表每家公司的發展都依循這個軌跡，其中有不少的例外是意料中事。例如，單個創辦人的企業就可能不必取得任何共識；或創辦人推行家長式管理，不會主動跟下屬溝通公司目標等大事，亦不會主動詢問下屬的意見。總之，創辦人在企業的發展扮演着籌劃師、營建者、營運長、保護人、領導人、宣導人的多重角色。

02
創辦人價值與公司文化

貫穿在多重角色之中是創辦人的價值，促進公司內部的整合（Schein, 1983）。創辦人的價值有助公司內部整合，在建構及運行方面提供共識的基礎。公司的使命、核心價值、經營目標、人才準則、營運模式、獎懲機制等都受價值的指引及規範。價值為組織提供共通的語言，讓公司上下員工能暢順溝通交流，彼此了解，團結一致。此外，價值可成為甄選公司成員資格之準則，區分誰是自己人及誰是外人，形成易於辨識的團體，塑造成員的組織身份。再者，價值亦用作界定包括組織內的權力的分配、獲取、維繫、收回、失去的規則。

● 恒生銀號一九三三年在永樂行七十號開業，圖為畫家筆下的銀號素描。

另外，人際關係的規範，上下級、同級、男女員工等關係，親疏、正規或非正規關係、獎懲制度等，都反映了價值。公司面對不明確或無法控制因素時，價值可減低員工的焦慮不安。還有，價值乃公司重要的無形資源。公司的優劣，跟公司文化息息相關。公司文化的好壞，跟公司創辦人的價值密不可分。

03

公司文化內涵與功能

彼得斯及沃特曼（Peters & Waterman）對「公司文化」的定義：「公司文化就是企業成員共同分享的價值（shared values）」（Peters & Waterman 1982: 75）是一個流行於業界的定義。八十年代出版的西方論著作的定義，就可發現如下類似的定義（Brown, 1995: 6）：

「文化……是一個組織內的成員所共同擁有的信念與期望。這些信念與期望會產生強而有力的規範，約束及塑造組織成員或團體的行為。」

「公司文化可以被描述為一個信念、規範、習俗、價值系統、行為規則、經營手法的集合，這個集合給予企業其獨特性。」

「文化代表了在一個社群所共同擁有的一組互相依存的價值與行為，後者有時經過一段很長的時間會自我延續自己。」

以上不同的定義之內容互有重疊，就是以價值、習慣、信念、原則，甚至行為視為文化的基本元素。這組元素很多都是抽象、無形、不易直接量度的，或有時是隱晦的；它們構成了組織結構，規章制度的核心。公司文化的大部分元素雖不能直接觀察到，但卻是客觀存在，且對成員的行為與思想的經常發揮約束及指導的作用。公司文化的不同定義雖重點不同，但所呈現的共同之處是明顯的。

總之，「企業文化」、「公司文化」、「組織文化」的定義有的寬鬆，有的狹窄。寬鬆的定義主要是將抽象的信念價值原則等，以及可觀察的具體規章制度及行為都納入定義之內；狹窄定義則只將組織內成員所共同擁有的價值信念原則等納入。這兩個定義在很多論述公司文化場合時都會用到，本書主要使用寬鬆定義，即無形元素如信念價值，以及有形元素如制服、建築、企業商徽都是文化的構成部分。

公司文化的內涵

公司文化的內涵是指文化基本元素，文化的基本組成部分有兩類，無形的元素及有形的元素。無形的元素包含了企業的基本信念（基本原則、基本假設）、核心價值及倫理規範，還包括組織內的抽象元素如符號、語言（口號、笑話、故事、箴言、傳說、傳奇、歌曲、俚語、八卦、謠言、隱喻）、意識形態、人際倫理及企業歷史等，以及反映企業核心價值的企業宣言（corporate mission statement），員工的行為守則（code of conduct）等。有形的元素是具體的規章制度，包括了企業的徽號、襟章、制服（如領呔、圍巾、汗衫）、企業總部建築物外形、職場空間設計，企業英雄、口號、標語、衣飾、禮節、慶典、節日等。兩類文化元素並非彼此分割，而是互相關聯及依賴的，是文化的不同面相，後者是前者的具體組織表現，前者是後者意義所在。

企業的徽號（商徽）、襟章、制服、口號、標語、衣飾、禮節、慶典、節日等，都是不同程度地反映出企業的最基本的價值、信念、原則。員工的行為守則、企業宣言是核心價值的直接反映，而徽號亦是核心價值的最濃縮的圖像表述；公司其餘的重要有形的器物，都會不同程度表現企業的信念與價值。公司文化的有形與無形元素組成不可分割的有機體，影響成員的思想行為，合作及互動模式，企業員工行為，無論是個別、小組或整體的，都是公司文化的影響的結果，亦是公司文化效應。

公司文化的功能

公司文化的基本功能包括：協調成員的互動、整合企業活動、減低不明朗因素、減低衝突、激勵員工、加強企業競爭力（Brown 1995）。此外，文化中的信念價值及規範，可成為成員思想行為的依據（O' Reilly, & Chatman, 1996; Schein E. 1992）[註四]。

◎ 協調

企業組織內部的各個部門、單位及小組的成員都各有分工及專業，且各人會有不同的目標、價值、利益及習慣。在一個有相當規模的企業之內如何將分散在不同的部門或單位的分工（division of labor）及專門化（specialization）互相配合，促成有效率的合作，就需要協調（co-ordination）。再者，企業內的工作根本上是需要高度的互相依賴，互相支援及協助，因此亦需要協調。要做好協調，企業需要依一組核心的目標或價值對企業整體的各個構成部分作調節及溝通。

◎ 整合

與協調有密切關連的是公司文化的整合功能（integration）。整合就是將分散的部分集合起來，形成一個統一的整體。公司文化可以視為一種組織的紐帶，將成員串連在一起，形成一個有機體。公司文化為來自不同的背景及擁有不同的經驗習慣、世界觀、價值觀等成員，提供一個理解及認知事物的共同架構，及由這個共同架構衍生的行動綱領，企業通過這個共同架構，整合員工的價值、信念。此外，公司信念價值及規範會成為員工的共同的世界觀；價值觀及行為依據，並逐漸塑造了他們的組織身份，產生共同的組織身份認同，有利於成員的團結，加強組織內部的凝聚力，更易令企業成員的同心同德，團結一致。

◎降低衝突

企業很難避免成員之間的衝突，公司文化可以減低衝突。經過協調及整合，組織內的分歧與負面的差異——基本價值、信念等方面的差異，以及由這些差異而來的選擇及行為上的分歧，會逐漸減少。長期在包括企業的目標、發展方向、核心價值及信念等重要方面有嚴重的分歧或衝突，會對企業造成很大的傷害，甚至會導致企業解體。在統一的基本價值信念的前提下，分歧，甚至適量的衝突是可以容許的，但衝突一旦持續出現在核心價值基本信念時，企業會變得不穩定，成員的向心力會減弱，企業會失去方向，目標變得模糊。為了保存企業的完整性及存活力，這些分歧或衝突必須快速得到解決。

◎減少不明朗

經過公司文化的社教化（socialization），員工了解及接納公司的使命、基本信念、核心價值，並以此作為自己思想行為的依據，逐漸形成了組織內的身份認同。另方面，社教化亦令員工熟悉組織環境，包括各種守則及規範、操作程序、獎懲機制、共事禮節、合作流程、行事禁忌等。員工的組織身份及對文化的熟悉令組織環境內外都變得有秩有序，無論與組織內外不同的持份者的互動合作，有規可循，不確定性或不明確性相對減低，進退較易得宜。

◎ 激勵員工

企業通常用各式各樣的獎勵計劃（獎金、花紅等）激勵員工、提高士氣。除了這些有形的機制之外，公司文化所包含的價值、信念與理想，對員工的思想行為亦可以起潛移默化的作用，是一種無形及微妙的激勵元素。經過不斷的培訓及社化作用，員工逐漸內化了公司的價值與理想，自然會將自己價值、信念、利益、目標、理想與公司的價值、信念、目標、利益及理想連結成一體，形成一個利益共同體（community of shared interests）或目標共同體（community of shared purpose）。

◎ 指引思想及行為

文化中的信念、價值及規範，可成為成員思想行為的依據，善惡是非的準則，作為或不作為的指引。企業內外的大小事，員工必須作出適當的回應，而回應是否適當必涉及員工的世界觀及價值價。企業的信念與價值是員工的世界觀及價值觀的主要來源。信念價值除了是行為的指引外，同時是行為的推動力，實際地產生行為。信念價值對行為的指引，是針對未發生的行為，是在思想層次，但信念價值亦可在實際層面起作用，推動行為的出現。

◎ 加強競爭力

公司文化是否會加強公司的生產力？提高整體競爭力？論者對這個問題都有共識：

一般而言，一家公司文化強的公司會比一家公司文化弱的公司有較強的競爭優勢。主要的原因是，強公司文化的公司會在減低不明朗、減少衝突、協調及整合理想、提高工作動力等方面都表現出色，因此導致整體表現卓越。

四 • 本節資料部分來自葉保強，2005。

Salem

04
解構創辦人價值觀

創辦人的價值內容是什麼？價值系統內包括了哪些類型的價值？它們如何分布？有何結構？就類型而言，哪些是基本價值？哪些是工具價值？哪些是核心價值？哪些是邊緣價值？就呈現方式而言，哪些是經常被提及或公開宣示的價值（台前價值），哪些是少被提及或以涵蘊的價值（台後價值）？在跟行為連結方面，哪些是經常性被強調及執行的價值？哪些是在特殊狀況被執行的價值？就制度化而言，哪些正式制定成為經營基本任務、核心價值、員工行為守則？獎懲機制等的價值？

哪些成為公司不成文的價值？哪些是經常用作培訓員工的價值？就與利害關係人對價值的認知方面，哪些價值是投資人所熟悉的？哪些價值是董事所熟悉的？哪些價值是為管理層及員工所熟悉的？哪些是同業或供應商所熟悉的價值？哪些是客戶所熟悉的價值？哪些是社會所熟悉的價值？不同利害關係群體熟悉的價值是相同的？還是彼此有差異的？

總的來說，創辦人的價值，可從價值內容、種類、結構、承擔、來源等方面來理解。另外，亦可從兩方面探討：

第一，內部問題：創辦人的價值如何被打造成公司文化，即如何在組織內傳遞、被接受、被行為化，被制度化，被重複，被鞏固，以及當創辦人離任後，價值如何被傳承。還有，當公司發生危機及困難時，價值能否發揮積極效應。

第二，外部問題：創始人價值在業界或供應鏈的影響力，如何被社會認識及接受。下文逐一討論創辦人價值的種類、形式、結構、來源等問題。

價值的種類

創辦人通常會持有多項的價值，有的屬核心或基本的，有的是邊緣的或次要的。此外，按其他的準則，這些價值還可分為下列的類型。依社會性來分類，有個人價值、人際價值、公司或組織價值、社會價值、人類價值。按價值的性質分類，有終極價值（terminal values），如自由、平等、幸福、和平、愛、自尊，與工具價值（instrumental values），如自我控制、勇敢、清潔、能幹、獨立等（Rokeach, 1968, 1973）[註五]。從生存的角度分類，有茁壯價值（flourishing values）和生存價值（survival values）。

前者是直接促進人類茁壯的，如自由、正義、互助、博愛、回報、自我實現等抽象價值，後者包括營養、糧食、食水、安全、居所、交通、健康等相關價值。

價值結構

創辦人價值都可能呈現不同的結構。價值結構的緊密程度不一，有些結構比較扎實，有些則比較鬆散。結構扎實的就如一個完整的穩定系統，元素之間互相勾連，系統有可以辨認的界線或形狀。對比之下，結構鬆散的則如形狀不規則的不穩定組合，組合的元素不全是互相勾連，游離的元素互相獨立，位置飄移不定，系統沒有可以辨認的界線或形狀，隨時間的轉移或環境的改變而改變。

• 一九八三年恒生銀行金禧紀念，何善衡於慶祝酒會上致詞。

就比較穩定的系統而言，有些結構內的價值之間彼此有強弱不同的連結，結構如網絡或層級。網絡型內的價值元素的處於水平的連結上，較為重要價值處於節點上，愈大的節點代表價值愈重要。層級型系統將不同價值分配到如金字塔般的層級內。比較抽象的價值如自由、正義、自我實現、博愛等置於頂層，中層是人際價值，包括互助、合作、回報等社會性價值，人們賴以生存的如衣、食、住、安全等相關的價值則置於基層。

創辦人的價值是無序的組合？還是有序而系統？前者是無結構的價值拼湊，價值無主次不明，好比大拼盤、大雜碎。後者結構明確，主次分明，核心價值與邊緣價值排列有序。此外，創辦人的價值系統是融貫的？還是矛盾的？這些問題都有助了解創辦人所持的價值。

價值承擔

人是社會動物，期望他人的承認及嘉許，常會設法以自己最好一面示人，此乃人之常情。生意人開店做買賣，必須在社會樹立好的商業形象，被人接納，惹人喜愛，以廣招徠，此乃商業之道。創辦人是否真心相信所持的價值，是否有真誠的價值承擔(value commitment)，對價值是否真心擁有，堅定不移？還是為了迎合社會所好，以政治正確或社會風尚包裝為自己的價值，沒有真誠的承擔？是觀察創辦人價值是否有真實價值的重要指標。一些人口邊常掛着的價值，其實只是口頭禪價值，既不出自真心，更不會付諸行動的虛假的價值（unauthentic values）。現實世界中，無論是商業內外，持虛假價值的人司空見慣。人的真實價值（authentic values），不會是口頭禪，而是價值持有人出自真心，有真誠的承擔，身體力行，言行統一的價值。持真實價值的人會言行一致，行如其言，言出必行；富貴如是，貧賤如是，順境如是，逆境如是，始終如一。創辦人的價值是真實還是虛假，最好的測試是觀察他能否能長期言行一致，始終如一地實踐價值。

創辦人是否言行一致亦可反映其所持的價值的虛實。例如創辦人一方面大力宣稱對企業社會責任（CSR）極為重視，但卻沒有相應的行為以落實這價值。例如，只委任一名中級經理負責 CSR 項目的執行，開設的 CSR 辦公室只配置一名低級助理的，沒有獨立的經費，經費來自人事部；中級經理向人事部門報告，有關計劃由人事部來審批，公司董事局沒有類似的委員會來統籌及推動這重要計劃。這種組織安排反映了創辦人所謂重視社會責任缺乏誠意，虛應故事而已。一言以蔽之，創辦人的價值亦是虛假的。

五•對（Rokeach, 1973）的價值調查的解讀，
參（Gibbins, & Walker, 1993）

05 創辦人價值的來源

創辦人的價值主要來源包括家庭、學校、職場、社會等。不少成功的華人創辦人的家教甚嚴，很多的價值觀都來自父母親的教誨。台灣統一集團創辦人之一高清愿就從其嚴母中傳承了勤奮及節儉的美德，轉而影響統一的員工。西南航空（North West Airline）的創辦人赫伯・凱萊赫（Herb Kelleher）自認受其母親的思想影響很大，西南公司文化中以員工第一的價值是傳承自其母親的。有些創辦人的價值受學校老師的教導而種下種子，日後配合經營及生活的經驗，種子發芽形成價值。恒生銀行創辦人何善衡因家貧只讀過數年私塾，私塾教導的古人哲理傳統道德深入他的腦袋，日後成為他的做人經商的價值，並以此向員工傳播，成為恒生公司文化的要素。松下幸之助之從商價值來自大阪商人文化，尤其是受益於其當學徒的商店老闆夫婦的教誨。

沃爾瑪的創辦人森・沃爾頓（Sam Walton）毫不忌諱自己做生意的很多方法都來自同業，會將有用及好的點子吸納來為己所用。沃爾頓在自傳中承認他從「Fed-Mart」

的創辦人蘇・派爾斯（Sol Price）「借回」（borrowed）很多的好點子，並基於對其創辦的店名的喜愛，以「Wal-Mart」來命名自己創辦的量販店。

職場也是一個商業價值養成的直接場所，很多成功的創辦人的核心價值，都是來自指導他的師傅，或直接上司。高清愿承認他的價值及經營之道主要從師傅吳修齊學到的。美國的會員式零售商好市多（Costco）的創辦人占・冼格（Jim Sinegal）公開承認自己的主要經營哲學是從師傅蘇・派爾斯學回來的。其中除了經營之實戰智慧外，還學會企業的社會責任，特別是要善待員工。

共同創辦人思想的互相激盪，亦是創辦人價值的重要來源。著名的例子是耐吉（Nike）。耐吉是菲爾・奈特（Phil Knight）與教練共同創辦的，他本人亦是運動家並對改善運動鞋有無比的熱情及創意，耐吉的招牌產品都取自他的創意，而重視品質，則與奈特共同分享的價值。其他的早期員工及重臣，亦熱愛長跑，創意非凡，經常以用者的角度來做產品及經營創新，對奈特的價值的形成及耐吉公司文化肯定有重要的影響。

創辦人所持的核心價值其實都反映了他們成長的文化的足跡。就算是同一個國家內，不同區域都會出現不同的區域文化。例如，美國西岸的文化，特別是加州的，就

EXCHANGE
外幣找換

跟東岸，尤其是新英格蘭地區有很大差異，同是美國商人，加州商人跟緬因州商人就有容易識別的差異性。中國的情況亦一樣，黃河流域一帶的中原文化，就跟長江以南的文化有很大的差異，山西晉商的商業文化，就跟古徽州徽商的經營方式有明顯的差異；上海商人跟廣州或香港商人的文化就很不一樣。換言之，就算在同一文化之內，身在不同區域的創辦人所信奉的價值不盡相同是不足為奇的。

06 創辦人價值的傳遞

創辦人價值觀的傳遞或傳播，可分三方面考察：傳遞的對象，傳遞方式，及傳遞對象的反應。

創辦人傳遞價值的對象包括的範圍很廣，包括共同創辦人、投資人、董事、高層經理、員工、客戶、供應商、同業、社區、社會、政府。創辦人用什麼方式傳遞價值？言教為主？身教為主？兩者兼用？用公司正規培育計劃？宣導渠道？經常性定期的培訓？不定性臨場性的提醒？培訓由創辦人親身主持？還是有專責部門或人員負責？在招聘員工或合作夥伴方面，創辦人是否親自挑選有類似價值傾向的員工或合作夥伴？

受者對創辦人價值有什麼反應？受者對價值的接受程度是什麼？大部分人接受、少數人接受？價值傳遞的受者，包括合作夥伴（董事或合資人）、員工（高級經理、中級經理、基層員工）對創辦人價值的接受程度如何？心悅誠服地相信及接受？陽奉陰

違地接受？抗拒接受？公開或暗地裏反對？公司內上下員工在實踐價值的實況方面，員工在行為上是否經常展示創辦人的價值？還是行為經常看不到價值的展示？

公司文化開始形成之時，創辦人是關鍵的人物，幾乎所有建設都由他主導，或親力親為，一手包辦。另一特點是，創辦人扮演了導師的角色，將文化的元素，特別是自己的價值，持續地向員工灌輸、傳播。而整個價值形成的過程是教導成分遠超過學習成分。這時，創辦人對公司文化的形成佔了絕對的影響力。值得注意的是，文化形成的初期，創辦人是用什麼方式傳播價值及信念訊息，然後學員如何接納消化這些訊息，以及這些訊息如何移植到組織的各個層面。

先談人與人之間的價值傳播的過程。創辦人通過何種管道或機制，將核心價值基本信念等向公司的同仁傳播，令他們了解及接納。一般而言，創辦人傳遞價值信念的方式有時經精心設計及蓄意的，有時則不自覺或隨意的。有時傳遞的訊息之間出現前後不一致，有時創辦人的行為與傳遞的訊息互相矛盾，令作為受者的員工會感到混亂或迷茫。雖然如此，有些員工對這類不一致都有一定的容忍，體諒創辦人前後不一，不會視為嚴重的過失或偽善；有些員工則由於怯於創辦人的權威而不敢吭聲。一般而言，多數員工了解公司草創期，創辦人在草創期的摸索及學習中，其價值或信念尚未成型，出現不一致及混亂乃尋常之事。

07 創辦人價值的植入

根據一項經典的研究（Schein, 1983）[註六]，創辦人初步傳播其價值信念，可視為為公司文化的嵌入（embedding），包含了以下的機制或步驟：

創辦人通過向員工的傳播及向組織植入，將自己的價值移植入企業。除了蓄意的組織植入外，向人傳播價值有時是有意識的，但有時或經常是在不自覺的情況下進行的。例如，創辦人與員工的日常互動中，經常會不經意地傳遞了價值，但卻在聽者心中留下深刻印象，不單接受且日後奉行之，轉化成自己的職場價值甚至個人價值。創辦人很少在創業時就擁有完整的價值系統，開始時可能只有一兩項個人堅信的價值，隨着公司發展及創辦人經營經驗的累積，新的價值會加入而令價值漸形豐富。價值的傳遞亦會隨這個形式而進行，經常是漸進式、非經常性、場合式、隨意地、累積性的傳遞，不一定單次式、正規式、系統性的傳遞。

這種傳遞衍生了相應的接收形式，受者在接收價值時亦是多形式的，包括漸進式、非經常性、場合式、累積性，也有單次式、正規式、系統性等。由於傳遞方式的多樣性，就可能會出現不同狀況下傳遞的訊息的不一致，有時傳遞的介體或管道會令價值訊息不太明確、含糊、隱晦。一般而言，價值訊息傳遞是多元的，有些做法用正式的渠道，有些則依非正式的場合。正式管道包括公司的正式文書內所明文列出的公司的哲學、價值、信念、願景、經營理念等原則性的文宣，公司對外的文宣，包括社會公關、人員招募員也是常用的渠道。非正式渠道包括日常工作、互動、公司的社區服務、公司高層的公開演講或活動等。

創辦人價值在組織植入的結果，會出現在組織的基本運營制度及規範，甚至公司的商標，商徽，實體空間布局，建築物外形，辦公室設計等方面（Schein, 1983）。前者包括公司的基本設計或結構（工作安排、報告規則、集中化程度、分工準則）；組織系統或程序，包括資訊系統、控制系統、支援系統；人員招募、甄選、擢升、退休、辭退的準則。這些成文規範或法則之外，是一些不成文的經常性習慣，或人與人間的互動，或職場的氛圍，同樣容易找到創辦人的價值。例如，創辦人與員工互動時的行為或言論，創辦人對經常性事件的處理，創辦人對重大事件（重大醜聞、財務危機、敵意收購、被政府檢控等）的反應或決策等，不單是辨識創辦人價值的好時機，亦是價值傳遞的場合。首次植入之後，接着會出現擴展與加強，然後公司文化逐漸定形，隨着時光流轉，環境的變遷及人事的更迭，文化會產生變化、衰落、再生等階段。

六・作者將植入分開兩個階段：首次嵌入，第二階段的開展及加強。

08 創辦人價值的傳承

公司草創期間，創辦人開山劈土，胼手胝足，親力親為；由於由無到有，無先例可循，創辦人得靠創新，走別人未走過之路，敢為人之先，萬事從頭做起。然而憑藉願景、熱情、堅毅、勤奮、刻苦、創新，創辦人身先士卒，帶領人數不多的員工，衝鋒陷陣，克服困難，解決問題。公司團結一致，上下一心，全力投入，齊出點子，集思廣益，公司快速站穩腳步，向前發展。此時，公司人員關係密切，彼此關照，如一家人。員工視創辦人為德才兼備的家長，有權威與能力，忠心追隨，言聽計從。公司稍具規模，規章制度逐漸建立，創辦人退居二位，將主要經營業務轉由專業經理人執行，公司的運作按照規章辦事，少靠個別人物的英明領導，公司正式進入了經理時期。在這時期，若有新的點子或建議，必須經歷層層的研議審批，公司創意的自由空間不如創始期。

稍後，公司步入成熟期，經歷幾代的人事更迭後，隨創辦人全身退出公司，其影響

力逐漸減弱，新一代的董事或經理多不能完全理解或認同創辦人之價值，公司原來的文化受到稀釋或遺忘，第一代或第二代的員工容易感受到這種轉變，但卻無力翻轉，感到無奈或無助，惋惜過去一家親的氣氛已一去不復返。有些公司的創辦人後繼有人，由親人或親信繼承公司的原來的價值，成功將公司的文化傳承下去，或在核心價值不變下創新，與時並進，這是成功的傳承情況。有時，公司高層大換班，新的領導層或對創始價值作大幅的修改，令其面目全非；或以另一嶄新的價值取代之，創辦人價值在公司壽終正寢，這是傳承告終的情況。創辦人價值的延續的軌跡，大概會依循上面相當概括性的狀況，而不同的狀況決定了創辦人的文化遺產的命運。

成功傳承情況下，創辦人價值持續不衰，創辦人的文化遺產得以保留，留傳後世。如上言，創辦人找到合適的繼承人，成功將創始價值傳承於公司之內。創辦人成功地將價值傳遞給員工，培育了他們成為有共同價值的人，員工被拔擢為公司的領導人，會將創辦人的原來價值原封不動的傳承下來，或會因時度勢對創始價值作優化或調整，以適應新時代的要求。若是後者，創辦人價值的核心元素基本上得以保留，但會融入新的元素，因此新一代領導人更新的價值不是創辦人價值的翻版，而是一種新的演化，是創始價值的更新版。這個過程若不斷地重複，隨後的領導人亦會因應環境變化而制定新版的創始價值，如此一代接一代，創始核心價值得以永久保存，但卻不斷增加新元素，展示新面貌。

創辦人的價值是否能持續在公司存在及發展，是考察創辦人價值壽命的重要觀察點。當創辦人離開了公司後，或在公司沒有實權而影響力逐漸減少時，接任的人或高層如何對待創辦人價值，是決定價值是否能延續及延續多久的關鍵因素。另外，在價值未有被切換或放棄的情況下，與創辦人共事的員工（第一代）如何將價值傳遞到第二代員工（創辦人離去後）？第二代又如何傳遞到第三代？價值是否能代代傳承，歷久不衰？還是逐漸稀釋、放棄、遺忘？無以為繼？或無疾而終？是值得研究的價值傳承問題。

強生（Johnson & Johnson，另一譯名為「嬌生」）價值的傳承是成功的典範，上世紀八十年代的回應下毒危機管理中已證明創辦人價值仍然活着，指引公司作出適當的回應。時至今天，公司的領導人跟員工都承認創辦人價值仍是活的價值，是他們思想行事的依據。

松下價值在Panasonic領導層及員工心中，指導他們的行為。集團內的定期員工培訓，松下的價值及經營之道是必要的教材。此外，松下生前創立的PHP（全名「Peace and Happiness through Prosperity」）綜合研究所，宗旨是透過心靈與物質兩方面的繁榮興盛，以達到和平與幸福，同時推廣以松下哲學為本的各種研究及出版。任研究所社長多年的江口克彥，追隨松下門下三十年，是松下精神之衣鉢傳人，他秉持松下精神，對松下管理之道予以擴展，完成松下之道之更新版，是價值傳承的範例。

第三章

何善衡的恒生人生

何善衡的一生，與他與友人共同創辦的恒生銀行緊密連在一起，如影隨形，無法分割。如其他的公司與其創辦人關係一樣，恒生之公司性格基本上是何善衡性格的反映。通過何善衡經營恒生的歷史，我們發現何善衡個人的價值及信念如何塑造恒生的早期組織文化，如何影響員工的思想行為，以及如何打造銀行與客戶及社會的關係。另外，對何善衡的共同創辦人、員工及朋友的了解，亦有助於對創辦人的價值及其打造的公司文化的了解。畢竟公司是一個社群，人的價值與信

念、思想行為跟身處的時代社會有着密切的關係。

01 從銀號到銀行

何善衡一九零零年生於廣東番禺縣石溪村（今廣州市海珠區），幼年家貧，僅讀過數年私塾，十四歲到廣州一家鹽倉做雜工，後來轉做金舖學徒。何善衡勤奮好學，公餘不斷自修，大量汲取知識，二十二歲時被拔擢為金舖司理，二十四歲時自立門戶，做金融買賣。一九二六年，何善衡與何賢在廣州共同開辦匯隆銀號，何賢出任司理，兄長何添當練習生，銀號規模很小，其後何賢往澳門發展，銀號結束。一九三三年，何添隨何善衡到香港。那時，何善衡與林炳炎、梁植偉、盛春霖合資創辦恒生銀號，銀號位於港島永樂街七十號，面積只有八百平方呎[註一]。當時永樂街、文咸東街一帶是華資銀號的集中地。其後分別變成銀行的永亨銀號、永隆銀號都開設於那一區內。此外，銀號的創辦人都來自廣州周邊的城鎮，包括番禺、順德等。永亨及永隆的創辦人都是順德人（見下文）。

恒生銀號的「恒生」名稱的來源有兩個說法。一說是來自恒生銀行的紀念冊上的文

字陳述，「恒生」是指「永恒長生」之意。另一説是來自時任恒生副董事長何添的説法，「恒生」二字分別取自盛春霖創辦的「恒興銀號」及林柄炎的「生大銀號」的店名。

銀號歲月

恒生銀號開業時，董事長是林炳炎，經理是何善衡，副經理由梁植偉擔任。銀號規模小，股本港幣十二萬五千元，主要業務是黃金買賣、滙兑及找換。銀號員工僅十一人。銀號以香港為基地，業務逐漸擴展到廣州、上海等內地城市。林炳炎往來香港、廣州、上海三地，何善衡則負責廣州業務。一九三七年日本侵華，內地富商大批南移，或急於把銀元兑換成港幣，恒生銀號的滙兑業務因此有長足增長。根據何添對當時的回憶：「貨車把一箱箱的大洋從內地運來，由於內地政府急需外滙支付抗日軍費，因此每隔兩天我們便獨家代理兑換的工作，把這些大洋換成港幣，並從中收取佣金，恒生因而賺了大錢。」（Chambers, 1991: 16）

一九四一年太平洋戰爭爆發，日軍佔領香港，銀號停業。林炳炎、何善衡移往中立地澳門，當時澳門已有另一家恒生銀號，林炳炎及何善衡便將銀號改名為「永華銀號」繼續經營。一九四五年二戰結束，銀號於九月返回香港，重新以「恒生」名字復業，店舖從永樂街遷往中環皇后大道中一百八十一號的自置物業新址。利國偉經何添引介於一九四六年加入了恒生，專責黃金的海外買賣。利氏曾任職於國華銀行，對銀行業務熟悉，他的專業給銀號的發展增加了很大的助力。何善衡憑着對黃金買賣的熟悉及專業，深得同業讚許，一九四六至四九年間榮任金銀業貿易場主席，恒生銀號在業界享有良好聲譽。當時貿易場的行家多為廣東人，順德人最多，其次是番禺及南海人。自一九四七年始，香港人流行炒賣黃金，何善衡由於善長黃金買賣，經驗及才能大派用場，四八到四九年間上海來港一幫炒家跟本地炒家開展黃金炒賣戰，何善衡憑豐富的經驗及獨到的眼光，屢戰屢勝，為銀號賺取豐厚收穫，何善衡聲名大噪，被行內人奉為黃金買賣高手。一九四九年二月林炳炎逝世，銀號經營落在何善衡肩上。

——謀求路向——

五十年代韓戰期間，聯合國與美國在五一年對中國大陸實施禁運，轉口貿易受到很大的衝擊逐漸走向衰落，迫使本港經濟轉向製造業，此時，國內有不少商人南移至香港。為了調整經營方向，謀取新的出路，何善衡在一九五零年到五二年三度親身出外考察，訪問的國家包括美國、加拿大、日本、馬來西亞、新加坡、南非、古巴及歐洲等九個國家十七個城市，尋找商機及學習他國先進金融管理[註二]。經過這輪的考察，何善衡對未來的路向更為清晰，決定將銀號發展成商業銀行。何添追憶何善衡在一次董事員工的大會上宣示了恒生的路向：「他告訴我們，雖然恒生在銀業生意上已有一段頗長的日子，現在卻要開始轉移方針。我們應該着重提供專業性而有效率的銀行服務，同心協力地帶領恒生步向成功。」（Chambers, 1991: 24）一九五二年十二月五日，恒生銀號正式註冊為私人有限公司，開始經營銀行業務，註冊資本一千萬港元，並組成新的董事局。當時，林炳炎已去世，由何善衡出任董事長，梁植偉任副董事長，何添任總經理。

——轉型銀行——

銀行的三位創辦人雖然都沒有受過正規教育，只在私塾讀過幾年書，因此沒有正式的學歷，但無礙他們能將銀行業務辦得有聲有色，主要原因是他們從生活與做事中汲取的經驗，並將之提煉及總結，經驗與實務結合，活學活用，解決問題。生活及職場是三人的學校，無怪他們都自謙是「社會大學的畢業生」（Kwan, 2009）。不單如此，跟隨他們身邊的得力夥計都沒有高等學歷，但卻是協助銀行走向成功的主要力量。肯定的是，創辦人、夥伴、員工等都是好學、能學、善學之人及善用所學來應世接物，而創辦人的身體力行，對員工的行為有着深遠的影響。一九五三年，恒生遷入位於中環皇后大道中一六三至一六五號一幢五層高的自置物業，全面開展商業銀行的業務。一九六零年一月一日恒生銀號改名為「恒生銀行」，同年二月十七日，恒生改為公共有限公司。

一九六零年是恒生銀行發展勢頭強勁的一年，一月及九月先後在九龍開設兩間分行，同時開始籌建九龍總部，選址是旺角亞皆老街與彌敦道交界之地段。恒生分行都會選在商業中心區，或新市鎮及新屋邨，滿足這些地區對銀行服務的需求。恒生的分行都設在自置物業之內，雖然尋找適合的位置並不容易，但對銀行長遠發展卻是有利的，因為不會受制於業主，其次是自己擁有優質地的物業，隨着商業土地不斷升值，銀行的資產亦會水漲船高，這個策略一石二鳥，實是精明的。同時，恒生穩健的作風亦可見一斑。

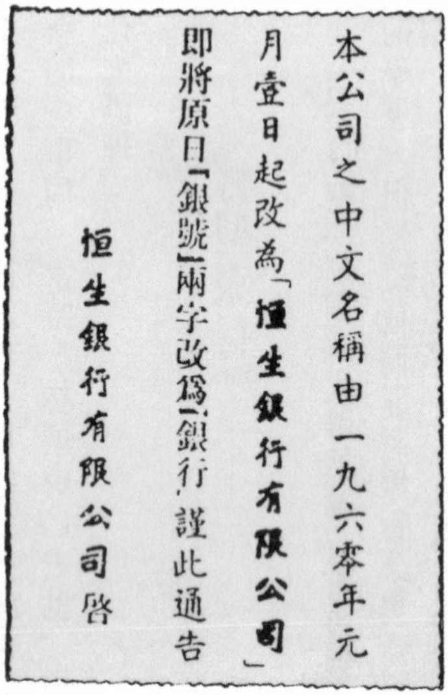
本公司之中文名稱由一九六零年元月壹日起改為「恒生銀行有限公司」即將原日「銀號」兩字改爲「銀行」謹此通告

恒生銀行有限公司啓

● 一九六零年起，恒生的中文名稱改為「恒生銀行有限公司」，「銀號」二字，改為「銀行」。

街坊銀行

當時，恒生主要客戶是中小型企業（俗稱「山寨廠」）的企業東主及一般市民。這些中小型企業客戶，主要經營製衣、玩具、電子、塑膠、五金等，廠東主要是廣東人。中小企東主資本小，企業規模細，沒有公司資產負債表，很難獲得銀行信貸。恒生體恤這些小廠家需要資金營運發展，願意支持他們，給予信貸。不少這些山寨廠後來發展成大公司、大集團，無不感恩恒生在他們艱困時刻不厭棄他們，鼎力相助，給予援手，堅決成恒生的長期忠實客戶，以報昔日雪中送炭之恩德。利國偉追憶往事說，「這些公司對於恒生早期的幫助，銘記在於心，至今仍是恒生的大主顧」（薛曉光，1993）。華人的「滴水之恩，以湧泉相報」的報恩文化，充分體現於恒生與客戶之間。

何善衡對待客戶之道，不全是短線的利益考量，同時能站在客戶的處境思考，將心比心，尤其值得稱讚的是，他不單不會乘人之危，反而雪中送炭，這段事跡成為行業中的美談，根據馮彥邦（2012）的記述：「五十年代中，一家位於良好地段的小塑膠廠向恒生銀號貸款五萬港元。按合同規定，到期不還，以工廠作抵。該廠由於經營不善，無法按期還錢。銀行界均認為這下恒生撈了一票，可以趁機取得那個地段。廠家也戰戰兢兢，束手待斃。誰料何善衡親去工廠考察後，認為只要調整產品結構，這家工廠仍是可以生存發展的。他再次低息貸款十萬元給廠家，使該廠起死回生。」事跡反映何善衡具有同理心，能體恤他人的困難、予以援手。實踐其「君子愛財，取之有道」之商業倫理。

一九六三年是恒生銀行成立三十周年的大日子，銀行有長足的發展，客戶及存款大幅增長，盈利大升，總資產達港幣三億五千五百萬，存款為二億九千六百萬，員工達四百人。

經過多年的穩健發展及有效管理，銀行規模擴大，逐漸走向企業化，至一九七五年員工達三千人。然而，在組織不斷制度化的情況下，何善衡仍重視人情，尤其是重視與員工的關係（見下文）。傳說一次高層會議中，何善衡半開玩笑地申述他如何重視銀行與員工的關係：「老婆可以鬧，但伙記就唔鬧得。事關你養老婆成世，鬧嚇都得，但下屬幫我哋搵錢，唔應該仲鬧佢。」（廣東話，意思是妻子可以罵，但員工卻不可以。因為你養妻子一輩子，罵一下不妨，但員工幫大家賺錢，不應該罵。）註三

——擠提風波——

一九六四年，恒生銀行成為香港最大的華資銀行。同年，何善衡也與何添創辦恒昌企業，作為恒生銀行及大昌行的控股公司。

一九六五年一月二十三日，明德銀號發出的一張約值七百萬港元的美元支票遭拒付。消息很快傳開來，存戶紛紛擁至銀號提款，銀號無法短期應付數額龐大的提款，香港政府在一月二十七日接管明德銀號。其後，擠提迅速蔓延到包括廣東信託銀行、恒生銀行、廣安銀行、道亨銀行等華資銀行。兩家發鈔銀行，香港上海滙豐銀行及渣

打銀行發出聲明，承諾對香港的華資銀行的無限量支持。此時，政府亦採取多項措施來安定存戶之對銀行的信心，事件發展至二月十日，擠提稍作平息。三月，傳媒流出銀行不穩的傳言，其中有問題的包括恒生銀行。四月初，擠提再次出現。恒生銀行最先出現擠提的是香港仔分行。大批客戶湧至該處提款，總經理何添企圖安撫客戶，申明銀行體質健全，有足夠現金，勸告不用提款。其時，一些存款大客戶，要求何添擔保，才停止提款。在中環總行，擠提人潮伸延至香港會所。此時，滙豐銀行再次公開表明支持恒生銀行，並派員到恒生總行大堂，為了證明有足夠的現金供應，一疊疊的鈔票放置在大堂的各個角落。然而，這些做法並沒有改變存戶的恐慌，擠提仍持續。恒生銀行在四月五日創紀錄

（政府新聞處圖片）

（政府新聞處圖片）

地當天被提取了八千萬港元存款，佔銀行存款總額的六分之一，至四月上旬的總提取數額達二億港元，但存戶仍不斷湧到銀行提款。一九六五年可算是香港首次的大型金融危機。

面對這個危機，董事局議決三個方案：

一、接受美國大通銀行的援助；

二、停業並由政府接管；

三、尋求滙豐援助。

經過研議，董事局決議把銀行控股權售予滙豐，並由利國偉全權處理此事。獲得香港財政司郭伯偉的批准後，利國偉立即與滙豐進行談判。這次談判有兩大的分歧：恒生的總價值及出售股權數量。滙豐估算為恒生總值六千七百萬港元，以及要求收購恒生百分之七十六股權；恒生認為其總值一億港元，只願意出售百分之五十一股權。經過詳細考慮後，滙豐終於在四月十二日以五千一百萬元收購恒生百分之五十一股權（其後增持至百分之六十二點一四）。收購成功消息傳出後，擠提風潮隨即平息。

在此收購中，滙豐成了大贏家，不單以低廉的價錢買入優質的資產，同時亦消除了最強的競爭對手，盡收一舉兩得之利，奠定了其在香港銀行零售業的龍頭地位。收購恒生後，滙豐只派出四位代表加入董事局，何善衡、利國偉等人也得以留任，給予恒生極大的自主空間。滙豐銀行的領導層深知，恒生銀行的成功在於深得本地華人的信任，以及擁有優秀的華人管理層。一九六七年至一九七九年，何添出任恒生銀行副董事長。二零零四年四月，何添退出董事局，被任命為名譽資深顧問。

回顧這次危機，令銀行同人大感疑惑的是，恒生的流動性比率在一九六四年底是百分之四十，比法律規定的百分之二十五高出很多。擠提後，恒生的流動性比率降至百分之三十，但仍高過法定的水平。無奈謠言的威力之大，是無法估計的，一旦對市場失去信心及產生恐慌，情緒便會凌駕理性，誰都無法阻擋存戶的行為。

據聞，何善衡因收購事哭了兩個晚上。不過，在出售股權當天，他決定親自向員工解釋這次收購，企圖穩定人心。他召集了員工到大禮堂，站在台上無法掩蓋情緒，眼露淚光，向在場的員工提高了嗓門說：「請各位對我絕對有信心，及支持我，我有信心能再次領導大家穩步向前發展。」其他的董事亦向員工保證銀行會保持其自主而不會有重大的改變。事實上，滙豐除了內插四名職員入董事局，一切保持不變，讓恒生擁有高度的自主。這個「一行兩制」的安排，日後證明是無比的成功的（Kwan, 2009）。何善衡自此長期擔任恒生銀行董事長，到一九八三年退休而改任名譽董事長。當時傳聞滙豐會完全吞併恒生，但何善衡安撫員工，說只要恒生經營出色，滙豐一定要保護這隻不斷生金蛋的鵝，勉勵員工與滙豐緊密合作。事實證明，直至今天，恒生一直是為滙豐銀行賺錢的金牛！

被滙豐收購後，恒生銀行不斷壯大，持續創造佳績。何善衡洞悉商機，以中小企為業務的重點。現時一些華商巨富，昔日都是恒生的客戶，曾得到恒生的大力協助。何善衡懂得長線經營，跟客戶建立關係，曾說：「栽培客戶，就是壯大自己。不要以為自己是客戶的衣食父母，反而客戶才是我們的衣食父母。」

依利國偉的觀察，恒生銀行之能快速發展及壯大，是何善衡的獨到眼光，推行以香港為基地及踐行以客為尊的發展策略。

恒生指數

一九六七年到六八年，香港親共組織趁文化大革命之勢，發動暴動，在全港各處放置土製炸彈，不少無辜市民傷亡，全港陷於不安與恐懼氣氛之中，社會動盪不安，經濟嚴重受挫，不少人為逃避動亂，移民外地。暴動平息後，經濟開始復甦，資金及移民開始回潮，帶動了房地產及服務產品的需求。股票市場再活躍起來，商業發展需要資金，紛紛在公開市場集資。香港股票市場開始時規模很小，一九五四年在香港股票交易所掛牌的公司只五十家，參與股市的小市民人數很少。恒生銀行一九五零年代就一直活躍於股市，恒生所屬的分行都參與股票市場，包括協助小投資者買賣股票。隨着股市愈加活躍，恒生在證券交易方面愈加頻繁。一九六九年後期，何善衡及利國偉認為恒生需要制定一套測量股市表現的指標，這個指標亦可為客戶入市時作為參考。

當時銀行內不少的資深經理對此舉表示懷疑，認為這份工作應是擁有雄厚資源的大型國際銀行的工作，不是恒生這類本土華資銀行能力所及。何善衡堅持自己的願景，他心目中的恒生指數是類似於美國的道瓊斯工業平均指數，他相信恒生要恒常地為客戶及社會提供新的產品及服務，制定這套指標不單符合這個經營原則，且有助業務的增長及增加利潤。若能成功制定這套股票市場指數，恒生的名字便會不斷出現在報章，金融刊物及電台電視，對銀行是最好的宣傳。最後，利國偉說服了資深經理，大家接受指數的好處。利國偉指派關士光負責研製這個指數的工作，恒生指數終於在一九六九年十一月二十四日首次公開給大眾使用，之後扮演了香港經濟狀況及股市的晴雨表，成為香港經濟金融的重要組成部分，而恒生的聲譽藉由恒生指數，不單是在香港街知巷聞，同時揚名國際（Kwan, 2009）。恒生指數的創製，不只證明了何善衡有先見之明之洞悉力，同時展示了他敢為人先的創新力[註四]。

何善衡晚年勤於捐獻，一九八六年英女皇壽辰授勳名單中榮獲 CBE 勳銜，以肯定他對銀行業的終身貢獻。何善衡勤奮如昔，每天上班，雖然實際事務已有專人管理，恒生銀行的精神領袖的地位無人能取代。何善衡於一九九七年十一月辭去恒生銀行名譽董事長職務；同年十二月四日逝世，享年九十七歲。長子何子焯曾任恒生銀行要職，但最終未有繼承父業[註五]。

一、《恒生銀行成立三十周年暨總行新廈落成紀慶》，一九六二年十二月二十四日，恒生銀行。

二、利國偉擔任何善衡的隨行秘書，將此行寫成遊記。

三、何善衡，華人百科，https://www.itsfun.com.tw/何善衡/wiki-4670276-3407056。二零一八年十二月二十日下載。

四、何善衡的創新力，似局限在領導人的層面，未能深化到恒生的組織文化層面，成為一種集體的創新力量。

五、恒生銀行，維基百科，https://www.newton.com.tw/wiki/香港恒生銀行。二零一九年一月二十日下載。

02 何善衡的道德人生

何善衡一輩子跟恒生銀行的發展連成一體，因此本章以恒生人生來彰顯其生命特色。恒生人生其實內涵了何善衡個人的對人對事的道德人生。一言以蔽之，恒生人生同時是他的道德人生。

謙厚勤儉

何善衡平易近人，待人謙厚，就算對比他年紀小的何添，都以哥哥稱之。他和藹可親，沒有架子，雖是長輩，但從不以長輩身份壓人，宴會後經常親身送客人出門，甚至到停車場，令很多晚輩受寵若驚。何善衡為人低調，熟悉他的同輩及下屬都有這個共識。兒子何子樑醫生仍記得這段往事：他那時在美國留學，經常跟父親書信往來，一次問父親恒生的業務如何，是否賺錢？父親淡然回答生意平穩。其實何子樑預早得悉恒生生意興隆，父親賺了不少錢，但父親仍是保持一貫的低調、謙虛、收斂，連對

兒子亦不透露自己的成功。何子樑認為父親為人誠實，絕對不會欺騙他人，不怕吃虧，人雖精明，但不會佔人便宜，亦不易被人佔便宜，因在商場閱人甚眾，逐漸累積辨人之識，辨別正邪好歹，君子小人。父親對數字特別出眾，運算能力尤其厲害，速度驚人，頭腦轉得很快，對生意很多點子，但不會毅然冒進，嚴守穩健審慎。勤奮，憨厚，為人沒有架子容易接近，然而，在家對子女之督導甚嚴，經常跟子女講做人道理，其中何子樑最記得的有兩條，第一是做事待人必定要過得了自己的良心，第二條是為人不要怕吃虧，令子女有點怕他。

何善衡為人儉樸，不尚奢華。一次何善衡與行內的核數師一起到茶樓午飯，他本想添加一隻雞蛋，問過價錢後放棄了念頭，理由是加蛋要多付五元，實在太貴了。以何善衡當時的家財及收入，五元實在微不足道，但由於習慣了節儉，能省得省。事實上，這種節儉性格，是在很多自小從貧窮成長的成功人士身上都可找到的特性，台灣統一集團的創辦人高清愿節約的性格，是聞名於業界的。

——關愛員工——

何善衡很照顧員工，經常跟員工分享處世之道，利用每天的集會向員工灌輸待人接物的道理以及職場倫理等事，儼如一名慈祥好為人師的大家長。大家都親切地尊稱他為「善伯」。恒生對員工提供優渥的福利，例如員工的開戶存款可獲十厘優惠利率，令別的華資銀行員工羨慕不已；不單如此，銀行每年都給予員工額外六個月的工資作為年終獎金，亦是銀行界少有的福利。何善衡不單在員工上班時關心員工，員工有紅白二事，恒生都會派員工對涉事員工家中協助辦理及給予慰問。這個做法，跟台灣的一些有名的企業如統一集團完全一樣。

何善衡有識人之明，找到有才能及值得信賴的人就給予完全的信任，給予適當的位置及機會平台，讓其發展潛能，利國偉正是何善衡慧眼識良才的最好例子。何善衡對利國偉完全的信任，而利國偉在日後成功地為恒生解決滙豐銀行收購問題，以及協助其後的穩健發展及壯大，都證明何善衡知人善任，用人有道之領導能力。利國偉日後成為本地華人金融界舉足輕重的人物，享有「最受尊敬的銀行家」的美譽。利國偉對一手提攜他的何善衡表露無比的感恩之情：「影響我一生最大的人，是何善衡先生，他做人很成功，是以誠待人，我以他為師。」（薛曉光，1993）

何善衡無意子女繼承父業，子女不是恒生銀行的董事，除何子焯外，其他子女未有任職恒生。因為他深知個人性格才能各異，不是個個適合做生意。對何子樑在外求學，從沒有要他學成回來繼承父業，一直只讓其依自己的興趣來發展自己。

提拔後輩

何善衡關懷年輕人，提攜後輩，誨人不倦，經常教導他們為人處事之道，做人要踏實，忠誠老實，待客以禮，對同事以親愛。對員工的教導，何善衡不只言教，同時是身教。

曾為恒生商學書院（恒商）的副校長區翠華，視何善衡為恩人。何善衡為了培育金融業人才，向政府洽商建校，於一九八零年創辦恒商，銜接中五課程，學生免費入讀全日制課程。區翠華獲得學校的獎學金，到英國留學二年，修讀學士學位，學成回來加入恒生銀行工作。這個獎學金並沒有規定學成的學生必須回恒生工作，是否返回恒生服務是學生個人自願，他們是可以到別處工作的。

• 恒生商學書院一九八零年創立，二零一零年轉制為恒生管理學院，二零一八年正名為大學。

這種安排顯示何善衡的目的並非只為恒生訓練人才，而是為香港社會培育人才。

區翠華在一九八四到一九八六工作期間，覺得銀行氣氛人情味很濃。她認為何善衡為人慷慨，有遠見，將對社會的公益事業集中在教育上，開辦恒商，免學費讓一般無法考進當時只有兩所大學的青年有一個學習及成長的機會。區翠華的丈夫亦是恒商的學生，一九八二年畢業後便進入銀行，工作了三十年到退休。雖然沒有跟何善衡有個人直接接觸，但與同事間的合作互動中，卻能在他們身上觀察到何善衡的待人做事的影響。

事實上，經過何善衡的長期不倦的教導及指引，慢慢及穩定地塑造了一組「恒生人」特有的氣質：樸實、憨厚、勤奮、有禮、服從、合群、好學等。而這些都是恒生人容易辨認的特質，而恒生人的特質正是何善衡價值的成功傳播，以及苦心培育後代的具體成果。

——心繫基層——

何善衡對人關懷不局限在自己熟悉的圈子，也包括了弱勢的基層民眾。根據老員工莫偉健追憶的一個小故事，充分展示何善衡站在別人處境考慮問題的同理心，尤其是對基層的升斗小民福祉的關心。昔日銀行為了爭取客戶，給他們留下好印象，在春節前都會向客戶贈送利是封，以答謝客戶。稍後，何善衡發現街邊的小攤販都會販賣利是封，恒生若果贈送利是封就會變相搶走小販的生意，影響他們的生計，心覺不安，於是將派利是封改為派財神掛畫，不與小民爭利。雖然貴為銀行董事長，日理萬機，但何善衡仍不忘草根市民的生計，關懷弱小，可謂宅心仁厚，以義制利，儒商典範。

03

何善衡的團隊與友人

人常說，要深入了解一個人，必須了解其朋友。此說甚有道理，但只說對了一小半。人是社會動物，生活與工作都在社群之中，思想、行為、態度、價值等長期受社群，尤其經常親密接觸及合作的重要他者的影響，因此除了朋友外，同事、上司、合夥人等都是重要的他者。因此，了解何善衡的重要他者，肯定會增加對他的了解。

——商業夥伴——

◎何添

何添是何善衡的親密夥伴及朋友，是恒生創立早期開始就成為合作夥伴，像何善衡一樣，其一生跟恒生的發展密不可分。何添在香港出生，祖籍廣東番禺，是澳門華人領袖何賢之兄長。何添家族在澳門三大家族之中被譽為澳門第一家族，地位顯赫可見一斑。

何添出生於一九零九年，自小隨父親到廣州謀生，童年在廣州度過，只受過數年私塾教育，一九二四年，何添十五歲，在一家油廠當後生，其後轉到米舖當雜工。一九三三年，何添隨何善衡到香港謀生，在其創辦的恒生銀號當掌櫃，一九三五年入股成為股東。未加入恒生銀號前，何添在一九三零年往其弟何賢在澳門開辦的匯隆銀號當練習生，學習銀號生意。何添的職涯主要是在恒生，他的人生就是恒生人生。一九五二年末，何添獲委任為董事，並擔任首任總經理。任內，何添跟何善衡及利國偉合作無間，齊心協力引領恒生不斷發展及壯大。商界尊稱何善衡、何添及利國偉為「恒生三老」，恒生之成功，三老居功至偉。一九六七至七九年他當副董事長，二零零四年四月退任董事職務，被委任為名譽資深顧問。二零零四年何添離世，享年九十五歲。

何添平易近人，無長官架子，親和力強，跟員工的關係很好，彼此沒有距離，員工都尊稱他「添伯」，對他十分尊敬。何添身材瘦削但雙目炯炯有神，思想敏捷。除了有好人緣外，他跟客戶一直保持良好的關係，並為銀行帶回不少大筆的生意。行內人都知道，何善衡與何添的分工相當完美，何善衡主內，何添主外，何添向有建立及開拓人脈的天生本領，容易跟人結緣，因此在維繫及拓展客戶上得心應手，成功地經營及擴大客戶群。恒生之所以能維持不少長期的忠心客戶，與恒生共同成長，除了何善衡的好人緣外，何添的人脈功力及社交軟實力都是關鍵因素。

關士光加入恒生不久，被指派撰寫銀行三十周年報告，閱讀過塵封發黃的舊檔案文獻，增加了對新僱主過去歷史的了解，此外，他邀約銀行的老員工作訪談，想蒐集更具體的資料，雖然沒有機會跟何善衡訪談，但何添在百忙中願意接受訪談，證實與人為善，樂於助人之德性。

◎ 梁銶琚

梁銶琚，順德人，經香港輾轉到達了澳門，與何善衡、傅老榕、馬萬祺、馬子登、何賢、李澤甫等人創辦「大豐銀號」。梁銶琚出生於一九零三年，爺爺梁祥仁原是農民，其後棄農投商，在廣州開設銀號，其後將銀號的生意交給兒子梁式芝。梁銶琚十六歲開始先後在父親友人開辦的銀號及叔父梁棟朝開的銀號任職，積累足夠經驗後，梁銶琚自行創業，開設「元興銀號」。梁銶琚的職業經驗主要來自銀號，曾任恒生銀行常務董事。一九四九年，與恒生兩位創辦人何添、何善衡合資創辦恒昌公司，其後易名為大昌行，再後改為大昌貿易行，一九九一年，中信泰富（中國中信股份有限公司前身）收購大昌行。一九九四年梁銶琚去世。

—— 員工 ——

恒生發展到六十年代，員工的構成已涵蓋了由三代人（Kwan, 2009）。第一代是上世紀三十年代創辦時入職的，很多是從「後生」做起；後生即練習生或雜務生，等同於舊式店舖的學徒。第二代是一九四零年代加入的，這代人多有現代商科知識及見識較廣，且多數有外文訓練。第三代是一九五零年代入職的，這批員工多由練習生開始，投考資格是中學畢業或同等學歷。這三代人代表了恒生的老中青三代，何添代表老一代，利國偉代表中一代，何德徵代表青年一代。入職時是練習生的不少員工，由於工作表現卓越，一直獲得公司提攜，擔任重任。總務主任文國鎏一九四五年加入，退休時是銀行董事兼總經理。何德徵由一九五四年練習生做起，一九九三年退休前是銀行副董事長。六十年代加入的員工有關士光、李錦鴻及莫偉健等。現任大一投資董事長的李錦鴻加入恒生時才二十六歲，從助理會計員開始，其後任辦事員，主任、襄理、經理及總經理，六十歲退休時，已在恒生工作共三十四年。何善衡是李錦鴻的姑丈，李錦鴻父親是恒生的老員工。李錦鴻名副其實是恒生一家人的體現。李錦鴻二零一九年時八十七歲，仍老而彌堅，熱愛工作，對恒生過去的日子充滿溫暖的懷念。

◎利國偉

數何善衡身邊最得力的助手，無人能及利國偉。五十年代初何善衡外訪考察，陪同在身邊作私人秘書的正是利國偉。那時利國偉就讀聖若瑟英文書院，中學還未畢業，但由於通曉英語，一九五零年初跟隨何善衡外訪時擔當他的秘書及翻譯。利國偉在一九一八年出生於澳門，祖籍廣東開平，一九四六年經由何添介紹加入恒生銀號當會

• 恒生銀行在一九八三年慶祝金禧，管理層合照留念，前排左三為何善衡，左二為利國偉，左四為何添。

計，同時處理海外黃金買賣。利國偉父親利樹培，是著名港商利希慎的堂弟，利國偉因而是利希慎的堂姪。利國偉是家中長子，有三弟一姊，一家很早就移居香港。利國偉尚未畢業於聖若瑟就加入了國華銀行當見習生。何善衡其後聘任利國偉的胞弟利錦桓為大昌行擔任董事，又招攬利國偉的弟弟利錦輝到恒生任職。加入恒生後，利國偉由於表現出色，甚得何善衡的器重與信任，委以重任。利國偉在一九五零年獲提升助理經理，三年後擔任副經理，一九五七年獲拔擢為經理，一九六四年榮登副總經理，一九六七年被擢升為總經理，一九八三年榮升為執行董事長，一九九八年退休，改任名譽董事長，二零零二年曾中風入院，二零零七年坐輪椅出席恒生銀行七十五周年鑽禧紀念，亦於二零一三年出席恒生成立八十周年誌慶酒會。二零一三年八月辭世，享年九十五歲[註六]。

利國偉行事待人態度認真、仔細，對數據使用尤其謹慎，充份表現銀行家的穩重及值得信賴的本色。利國偉的管理作風與職場價值，在關士光的回憶中有精要的描述。一次，利國偉對關士光說：「要成為出色的銀行家，良好教育是必要但不足夠，經驗及人際關係更重要。」(Kwan, 2009: 104) 利國偉還引用了《紅樓夢》的名句，「世事洞明皆學問，人情練達是文章」來強調人際關係的重要性。也許是夫子自道吧！利國偉是紅褲子出身，從低層做起，銀行業內的「十八般武藝」無一不通，熟悉銀行各部門的運作，加上個人勤奮，用心觀察，執行力強，不斷學習，累積經驗，提升觀察力及判斷，執行不同職位的業務自然得心應手。利國偉做事的風格相當家長式，當他發出指令，下屬必須依從，對他的要求，下屬只能正面回應。例如他給下屬一個命令，下屬必須按他的意思快速回應，不得猶豫，更不要跟他理論。就算對命令有疑問，絕對不要說不能做到這類話，必須說會盡力做或盡量詳細研究然後給你答覆（Kwan, 2009）。利國偉以他多年累積的豐富經驗，歸納出為商之道，認為銀行必須以社會及存戶的利益為先，股東的利益才會穩固。而恒生銀行之所以成功基本上是依循這個原則（薛曉光，1993）。由此觀之，利國偉與何善衡兩人共同信奉的為商之道，並不是狹隘的唯股東利益論，而是社會客戶及股東的多元持分者利益同享論。

利國偉不單在金融界享有極高的聲譽，在教育及政界亦擁有顯赫的地位。在政治方面，他在一九六八年獲政府委任為立法局議員，一九七二年被委任行政局議員，一九八四年中英政府開始談判香港前途問題，他與政壇元老鍾士元及鄧蓮如組成三人小組，赴北京見鄧小平表達港人對前途的看法，被鄧小平指為「孤臣孽子」。教育方面，一九八零年他隨同何善衡捐款創立恒生商學書院，一九八八年中文大學學制四年變三年的改革，他擔任中大校董會主席，以及教育統籌委員會主席。一九八八年獲英女皇頒授 OBE 勳銜，一九九七年獲大紫荊勳章後，放棄爵士頭銜。利國偉之能在金融，政治、教育三方面都享有崇高地位，熟悉他的人的觀察是，利國偉的忍讓力、包容力、親和力，求同存異的功力很強。這可能跟他長期在何善衡身邊做事學會的，事實上，他對此亦不諱言，被他奉為畢生座右銘的，正是何善衡經常掛在口邊的話：「話到口中留半句，理從是處讓三分」[註七]。

◎關士光

關士光在一九六二年加入銀行，是他所指的恒生第三代。關士光只有中學學歷，沒有銀行實務經驗，最初入職時負責研究；未加入恒生前由於在洋老闆包括美國領事館工作，具備良好的英語能力，熟悉外國人做事方式。入職不久，被委以重任，編寫恒生銀行三十周年紀念刊物，經過翻閱不少的文獻及訪談，對恒生的歷史有深入認識。其後，利國偉指派他主持恒生指數的研製，為恒生指數的成功出現付出不少汗馬功勞。關士光退休後移民加拿大，其後出版了回憶錄（Kwan, 2009），對恒生的人與事有詳細的憶述，是了解恒生歷史的重要文獻。關士光在外商經驗，習慣了向上司自由表達意見，不會保留意見不向上司說出。這個做法跟利國偉做事時經常惹來麻煩，每當關士光的意見與利國偉的意思不合時便會被痛罵一頓，令他經常受到挫折，意興闌珊之餘很想辭退工作。其後被好友安慰及疏導，學會如何與利國偉相處。最後取得利的重用，不斷委以重任，包括指派他負責制定恒生指數的重要任務。

◎莫偉健

莫偉健於一九六六年加入恒生，屬第三代恒生人。莫偉健入職時是練習生，負責每天在中環跑支票，二零零五年，他的職位升至恒生的常務董事兼營運總監，二零零六年退休時，四十年的恒生職涯包含了多個不同部門的職位，對銀行業務由裏到外都非常熟練，非常了解恒生的歷史、文化、人事。莫偉健在恒生四十年的職涯可以視為恒生識才、惜才、留才、育才之傳統的明證，這傳統讓員工發展潛能，成就事業，完成理想。如上文言，從入職一直到退休都留在恒生工作，資歷超過三十年的老恒生人為數不少，類似莫偉健的員工的應大有人在。每人都有一段值得回味的恒生甘苦歲月的故事，各個人都見證了恒生念舊、惜才的組織文化。

——朋友——

◎馮堯敬

何善衡有兩位很要好的友人，都是從事銀行事業，而過往的營商的經歷也相當類似。這兩人分別是馮堯敬及伍絜宜。馮堯敬，順德人，永亨銀行的創辦人。永亨銀行前身是永亨銀號，一九三七年創辦於廣州，專營金銀找換，二戰時轉往澳門，一九四五年銀號遷來香港，地址在上環文咸東街，規模很小，只有員工十九人。銀號在一九六零年獲得香港銀行牌照，正名為「永亨銀行」。馮堯敬為首任董事長。永亨銀行在二零一四年四月被新加坡資金的華僑銀行收購，改為「華僑永亨銀行」。

馮堯敬生於一九零八年，童年過着困苦的農村生活，只接受幾年初級教育，十四歲到廣州十三行謀生，在安發銀號充當學徒，幫補家計。他勤奮好學，累積不少金融業的經營知識，二十九歲時偕同友人在廣州合資創辦永亨銀號。馮堯敬仁厚待人，律己甚嚴，行事低調，內斂勤奮，樂善好施，關懷桑梓。一九八四年，與鄉親集資創辦馬岡私立德興小學校；一九七九年，飲水思源，在家鄉順德容桂馬岡捐款蓋建馬岡醫院，回饋家鄉。一九八五年馮堯敬去世[註八]。

◎伍絜宜

伍絜宜生於一九零七年，順德人，馮堯敬的同鄉，永隆銀行的董事長。比他大七歲的兄長伍宜孫是銀行創辦人，銀行前身是永隆銀號，一九三三年在香港創立，號址是文咸東街。一九三六年伍絜宜加入，兄弟齊心合力，銀號規模小，人員十餘，資金不足，艱苦拚搏，經營滙兑、找換，存款、代買股票、黃金等業務。一九三七年銀號搬至皇后大道中，一九四一年香港淪陷時亦移往澳門，戰後返回香港復業，銀號亦設在上環。獲取銀行牌照後，一九六零年銀號改名為「永隆銀行」，一九八零年正式上市。伍絜宜在銀行當了四十五年董事長，帶領公司發展，在金融界名聲很好，二零零八年三月底辭世，享有一百零一歲高壽。伍絜宜為人低調穩重，淡泊名利，熱心公益。樂善好施，提攜後晉，不遺餘力。一九八二年，他在榮退董事長之惜別宴會上，假託古人詩句：「老翁臨江釣，袖手我旁觀；得魚同歡喜，何必我持竿」，寄寓其成人之美，散開讓開之胸懷。二零零八年伍絜宜離世[註九]。

二零零八年，招商銀行收購永隆銀行百分之五十三股份，伍氏家族後代伍步高、伍步剛及伍步謙分別辭去公司董事長、副董事長及行政總裁職位，轉任非執行董事。二零零九年招商銀行將永隆銀行餘下股份全部收購，永隆銀行撤銷上市地位。二零一八年永隆銀行正名為「招商永隆銀行」。

——物以類聚，人以群分——

三位銀號的創辦人的經歷極為相似，彼此事業重疊性很高，大家同樣從事金融業，可能由於彼此有類似的興趣、性格、氣質，而相同的經歷與性格將他們更緊密地連在一起，成為親密的好朋友。據馮堯敬的長子、前永亨銀行董事長兼行政總裁及現任華僑永亨銀行非執行主席馮鈺斌的回憶，三人每天清晨都相約晨運行山，逢周二及周五到月興茶樓一起飲茶。另外，三人在廣安銀行舊址處開設了一個私人俱樂部，用來招待商界朋友及作為他們中午休息之地。三人關係的親密不言而喻。除了以上兩位好友外，何善衡跟本地商界大佬鄭裕彤跟李兆基都有私交。根據何善衡兒子何子樑的回憶，他們三人經常一起打網球，搓麻將。古語云，物以類聚，人以群分；志趣相投，自然成為好友。

六．劉美儀、董曉沂、關穎欣，〈恒生元老逝世，銀行教父利國偉，叱咤政經半世紀〉，二零一三年八月十三日，《蘋果日報》，https://hk.finance.appledaily.com/finance/daily/article/20130813/18376664。二零一九年一月二十日下載。

七．利國偉，維基百科，https://zh.wikipedia.org/wiki/利國偉。二零一九年一月二十日下載。

八．馮堯敬，百度百科，https://baike.baidu.com/item/馮堯敬。二零一九年五月十四日下載。

九．伍絜宜，百度百科，https://baike.baidu.com/item/伍絜宜。二零一九年五月十四日下載。

第四章

何善衡的價值觀

何善衡的價值觀與倫理觀，充分展露華人的主流價值，包括重人情，尊德性，講道義，愛和諧，守中庸，敬長護幼，背後的價值正是華人儒家文化的尊尊、親親的核心原則。此外，順從、勤儉、誠實、謙遜、報恩、權威，家長制亦是主軸。他視公司如大家庭，同事如手足，在用人方面德重於才，品格比專業更為重要，員工不單要有端正的品格，不斷修養自我，同時要不斷學習，不斷創新，以應付急劇變化的市場。身為服務業的領導人，他深諳服務行業以客為尊之大道，因此創製了恒生員工人

人遵守的「善伯八條」的待客原則。他亦明白企業是社會一員，商業人應有飲水思源的感恩之心，商業應以服務社會為其使命，要支撐這使命是公心與眾善。本章及下章以上文提出的分析架構，對何善衡的價值觀及恒生文化作拆解及重構，以構建一幅較為完整易明的圖樣[註一]。

一・由於文獻及資料有限，未能對理論架構內的各個細則都有完整的回答。畢竟理論架構是呈現一般性，具高度的概括性，不可能涵蓋所有個例。

01 《閱世淺談》與《恒慧三十篇》

何善衡的價值觀、倫理觀等都記錄在《閱世淺談》的小書之中[註二]。此小書乃他多年在商場內外累積的經驗與觀察，小書中所言所思，亦用作在職場內對員工培訓的教材。書中傳遞的價值或訓誡，不是一時心血來潮之想，或隨意的偶發之思，而是經過多年累積、深思、過濾、提煉、整合的經驗及智慧結晶，最能反映何善衡個人的核心信念及真實價值。這些信念與價值都是根植於多年親身實踐的結晶，經得起考驗的，極富實踐價值，並不是只是公開文宣，亦非從其他書本抄錄而來的他人智慧，流於紙上談兵的虛文。此書亦包括了與員工座談會的交流紀錄，講研修業進德之道，反映了何善衡數十年的商場經歷，初版後用作職員修身處世的參考。此書再刷十數次，可見流通量甚廣，亦是恒生早期新入職的職員每人必讀之書。值得注意的是，何善衡雖主要向當時的青年員工作道德訓導，如他所言，「這本冊子的內容，雖很膚淺，然多屬我們日常生活工作中所遭遇的問題，頗切實際。」（續篇，二十頁）然而，其論述中包含的微言大義，肯定超越六十及七十年代的香港社會或職場，其中不少的道理至今

仍有深遠的道德指引價值。除此之外，恒生銀行一九六八年創刊的公司內部通訊刊物《恒園》，內容包括政令宣導，道德訓誨，管理知識，員工意見，內容很能反映當時的組織文化，其後銀行精選了刊物內三十篇重要的文章，編成《恒慧三十篇》（下稱《恒慧》），是解讀恒生公司文化的重要文獻。

《閱世淺談》的價值觀及倫理觀，可分成兩大部分：

一，個人修身養德；

二，職場價值與倫理。

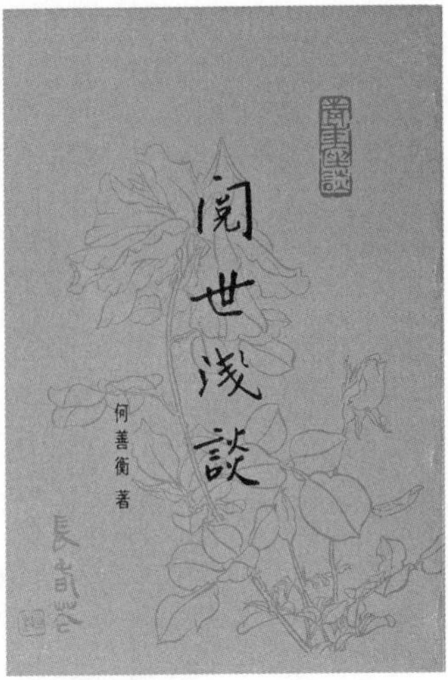

● 何善衡所著的《閱世淺談》，內容來自他在六十年代培訓員工的講話，是他經商、做人、處世的經驗結晶。

兩者關係密切，相互呼應。在何善衡的眼中，職場內的不單只靠專業，員工的人格修養同樣重要。人在工作中亦可培養出待人處事的態度與取向，有助於個人的品德的提升，為人的品德亦可促進做事的誠信及職場倫理。因此兩者是相互依賴，彼此促進的。下面分別從修身養德、職場倫理、領導要略三方面介紹其價值內容。

二・《閱世淺談》（淺談）共八章，一九六九年十月，恒生銀行，香港初版。《閱世淺談續篇》（續篇）是九章及十章。兩書其後印成一冊《閱世淺談》，可視為何善衡的商場及為人經驗及智慧的基本表述。本章以兩書及《恒慧三十篇》（恒慧）為探討焦點。

忍與恕是何善衡推崇的兩大美德。處世之道，應從涵養入手，學忍，學恕。

忍德為何重要？依何善衡的看法，「世間之事，很難盡如人意，遇到拂逆的事，首先要容忍，以免為着小小誤會，而引起摩擦。……恕是指原諒他人，自責要厚重，責人要薄輕，如古語有云：『躬自厚，而薄責於人。』恕德乃孔子一生『一以貫之』之大德，即仁道也」。何善衡引朱子對恕的解讀，「推己及人之謂恕。……以待人之心，一如待己之心。」（淺談，二一—三頁）[註三] 忍德除了是儒家大德外，亦是道家崇尚的基本美德，深入民間，被奉為庶民之大德。

人無完人，犯錯難免，重要的是，敢於認錯，並加改正，才是為人立身進德之道。何善衡指出，「若文過飾非，不肯認錯，……一輩子錯下去，終必自毀其前途……能自我檢討，才是進德之道。」面對錯誤，不單要有承認的勇氣，同時亦要具備反思的能力。人能自省，才能知錯。何善衡認為，知錯後要做兩種檢討，平日的檢討及事後檢討。平日檢討是曾子式的自省：「吾日三省其身，為人謀，而不忠乎……與朋友交，而不信乎？傳，而不習乎？」事後檢討的自省，是作了事後所作的反省，看看方法是否正確，態度是否恰當，考慮是否周全，是否有所疏忽，手段與目的是否配合，結果是否如預期等，「不應只是檢討已發現的錯處就算，更應該認真及坦白地作全盤檢討。」（三一—四頁）

——忍讓之德——

何善衡對忍的德性給予很高的評價，並視之為成功之要。在《閱世淺談續篇》（簡稱「續篇」）中，對忍德的內涵及意義作了詳細的闡述及補充。何善衡坦言忍德說易行難，要培育忍德「必須把一時的自尊與優越按下來，以適應環境。對外極力避免與人作意氣之爭，對內要盡量做到易經所謂『懲忿窒欲』的修養。」（續篇，二頁）

中國古時流行的勸善書多倡導忍讓的美德，民間流行的訓誡包括「忍一時之氣，免百日之憂。」「得忍且忍，得戒且戒。不忍不戒，小事成大。」「百行之本，忍之為上。」「小不忍，則亂大謀。」人人都可琅琅上口。何善衡引用古人「六忍」之說以闡述「忍」的內涵。六忍者，「一曰忍觸，觸者，人犯我也。二曰忍辱，辱者，人凌我也。三曰忍惡，惡者，我憎人也。四曰忍怒，怒則惡之重者也。五曰忍忿，忿則憎惡而見之於外者也。六曰忍欲，欲則貪而不止也。」（續篇，一一頁）註四

何善衡就忍惡及忍欲兩忍，再加詮釋。忍惡是對人而言，何善衡勸導年輕人，面對自己憎惡的人，切忌疾言厲色，或露不肖之情，否則容易引起對方的侵犯。缺乏容忍會加強對方的仇恨心，對己不利。何善衡告誡員工，生活做事總會遇到看不順眼的人，但要用「量度來感化他，改造他，不能用意氣用仇恨來對待他」。忍惡是人際關係重要之事。

就忍欲而言，何善衡承認工商社會中求財是自然之事，「但求之有道，用之有方……合理中節」之關鍵在於忍上下工夫。創業成功者莫不經歷欲望，然而要成功約束欲望，方可積聚財富資本，壯大事業。依何善衡的觀察，事業成功的人之忍欲是出於儉約美德，財富的增加不會改變節約的習慣，是道德人格的表現。

何善衡不同意一般認為在現代競爭激烈的職場中，忍讓代表懦弱的看法，認為「……人際關係中大家都能忍讓，事情便易轉圜而得到合情合理的完善解決，進而互諒互讓和諧合作，更是成功之本。」盲目或惡性的競爭的只會製造矛盾及助長爭鬥，令個人及社會付出不低的代價，「鬥爭則兩敗俱傷，忍讓則互存互惠。」（續篇，七頁）

忍德不單是成功之要，亦是個人高修養之體現。何善衡說「忍耐是人們品德、學問、思想、行為等的最高修養表現，只要看看他對人對事對物對工作的容忍到什麼程度，便可知道他的修養工夫到哪一個階段了。」（續篇，六頁）「凡事能讓人三分，作退一步想，給他留有餘地，……可顧全大局……可感化敵人……可成全自己。」（續篇，七頁）

——處世戒條——

依何善衡的觀察，他那個年代的年輕人習染了幾個通病，包括好逸惡勞、貪念、暴躁、不肯吃虧、鋒芒過露，都是導致事業失敗的原因（五—六頁）。對症下藥，何善衡提出青年修養的十二項戒條，分別針對自私、多言、懶惰、放縱、驕傲等毛病，大意如下（七—十頁）：

戒批評：「對別人的事情肆加批評，這可能有損別人的自尊心，傷及友情……」

戒自私：「凡事一秉至公，親親仁民，利物濟眾。」

戒爭辯：「好辯與討論與解釋不同。爭辯含有壓倒對方的作用……有事時會強辭奪理，歪曲事實。」

戒多言：「言多必失，甚至賈禍危身，故應涵養怒中之氣，提防順口之言。」

戒驕傲：「自視過高，常予人以難堪的態度，很易失卻人緣。」

戒銜怨：「做錯了事，勿諉過於人，抱怨……表示自己器量狹隘。」

戒懶惰：「養成勤勞習慣……，加上恒心、忍耐，才有所振奮。」

戒放縱：「時下一般青年的惡習，受西方浪漫思想的影響。……倘能自我抑制，知所規範，則不失為一良好公民。」

戒輕於然諾：「要取得別人的信任，必須重然諾。……一經承諾，便要負責。即使中途有困難，也不能食言失信。」

戒自以為是：「遇事固執己見，可能把事情弄壞。……損除成見並不是一件難事，只要能虛心，客觀……衡量一切，……自得其宜。」

戒損友：「墨子謂染於蒼則蒼，染於黃則黃。……若誤交歹人而走入歧途，不止品行變壞，……隨時會受到威脅與牽連，……身陷不義，無法自拔。」

戒苦撐場面：「國人最重體面，有事時大都競尚鋪張，不理是否能力所建，於是虛有其表者，牽蘿補屋，勉力撐持，結果千孔百瘡，苦不堪言。」

——涵養品德——

何善衡推崇儒家尊德之教，認為青年要培養溫、良、恭、儉、讓等美德（十——十一頁）。溫是溫和，良指善良，恭是恭敬，儉指節儉，讓是禮讓。品德須經年涵養，才能成穩定的德性，成就德行。包容亦是重要的修養，培養容人之量，才可海納百川，寬大包容。

——自我充實——

何善衡勉勵青年加強自己的學養，吸收各種不同的經驗，兩者相輔相成，充實自我。「以學識為體，經驗為用，……結合起來……應付工作而追求理想的生活，不愁沒有遠大的前途。……運用於……事業上，是無往而不利的。」（續篇，十七頁）

知錯能過

如何對待錯誤：犯錯是人之常態，因此犯錯不是恥辱，然而，犯錯而不承認，或諉過於人，才是無羞恥。何善衡認為，勇於認錯，才會獲得尊敬。

知恩圖報

人在一生中直接或間接受到不少個人及社會的幫助，因此要不忘本，要飲水思源，有報恩之心，答謝提攜過自己的人，回饋社會。人的成就離不開其他人的襄助與扶持指點，「成功的大人物，對他出身的地方，和曾受指導或幫助過他的人物，都念念不忘，小的雖一飯之微，亦思圖報；大的則終身感恩，甚至生死不辭……」「如能做到知恩必報，自能仰不愧於天，俯不怍於人」（續篇，十九頁）。

何善衡在書的最後頁，引用曹雪芹在《紅樓夢》中的廣為流傳的十四字：「世事洞明皆學問，人情練達即文章。」明顯是傳達他所尊崇的價值。除此之外，何善衡的座右銘：「無道人之短，無說己之長；施恩慎勿念，受恩慎勿忘；世譽不足慕，唯仁唯紀綱。」可說是他對修己待人之道的概括。

三・本章引文若只列頁碼，均來自本書。

四・見《明心寶鑑》「戒性篇 第八」，《明心寶鑑》大約成書於元末明初，輯錄者范立本。全書二十篇，內容取材自《尚書》、《易經》、《詩經》、《禮記》、《論語》、《孟子》、《莊子》、《太上感應篇》等經典有關養德修行、安身立命的論說。明朝以後，此書成為傳統中國，東南亞及朝鮮民間流行之勸善書。

何善衡挑選員工，品德至為重要，依據的標準是：「有忠厚的存心，純良的品性，勤謹的工作，謙恭的態度。」此外，學識亦重要，但員工要靈活用腦，用理智辨別是非善惡；且不能墨守成規，要與時並進；要有不斷學習的態度，學到老，做到老。

——待客之道——

銀行是服務業，客人至為重要，銀行員工必須具備正確之待客之道（二十七—四十頁）。依何善衡的看法，制定有效的服務之道必須讓員工了解客人，培養對客人的觀察力及增加接觸客人之經驗。與客人面對面接觸時，何善衡提醒員工「應運用腦筋，先看他的來意是什麼，再聽他的說話是什麼，從而考慮應用何種方式和說話應對，並且注意對方的神氣，有什麼反應。或則予以同情，避其所忌。當婉卻他的要求時，在辭令方面，更須技巧一點，以免招致反感和不良的後果。」在培養觀察力方面，員工

從儀容、衣飾、器度來觀察客人。用簡單的交談，了解客人的性格、智力或教育程度。重要的是，觀察力要不斷培養、累積、歷練、測試才會精準及成熟。

◎以禮相待

待客以禮，是接待客人的大原則。重要的是，待客以禮要無差別的，不應對某類客人一種態度，別一類客人另一種態度。何善衡叮囑員工「交易不論大小，均須一視同仁，不可輕此重彼，尤其注意普羅大眾的對待」。恒生創辦的早期，很多的客戶都是來自基層的小商販或一般街坊，很多且不識字，衣着不甚講究。若員工以外表待人，對衣着光鮮的一張臉，衣着隨便的另一張臉，或對教育水平不同的客人，或熟悉的客人或新來的客人作差別對待，便很容易令客人產生反感，懷疑公司待客以禮的真誠。何善衡告誡員工：「不論熟客、生客、交易多少，任何一方面也不能簡慢。」（三十頁）

何善衡具體地說明接待客人之技巧：「例如早上見面時，說聲早安，或點頭招呼，談話時，語氣要溫和，替客人辦妥事件後，說聲多謝，並起身送客。」（二十九頁）何善衡用平易的語言，不放過細節，令員工易懂易接受。

對待客人的態度亦不能掉以輕心，員工「儀表要莊重、整齊、大方，才能給客人值得信賴的印象，態度要溫和誠懇，謙厚自然，沒有半點敷衍和矯強，或心不在焉

的神氣。才能給人親切的感覺。」（二十九頁）

◎辭令的藝術

接待客人時，如何適當地遣詞用句乃一大學問（三十七—三十九頁）。適當的措詞有助建立彼此的聯繫，甚至可以開展友誼，且能促進業務。用什麼聲調？如何用精簡詞句？如何跟首次見面的客人打開話匣子？如何委婉回答客人問題？都需要經過思考及不斷學習、改善才能熟練，接待客人時才能得心應手。何善衡指出，向客人說得太多，或木訥不言，都不適當。在與客人交談時，重要的要學做良好的聽者，包括讓客人暢所欲言，不會中途打斷對方的話，不會全無表情，應間中表示附和、欣賞或同情，或稍加提問。重要的是，要讓對方知道自己在專心聆聽。用適當的辭令待客，才能建立良好的接觸，態度要溫文、誠懇、親和，語言要清晰、精簡。忌

●恒生銀行員工對如何接待顧客、處理投訴，都有良好訓練。

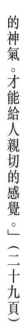

用俚俗語、輕薄語、尖酸語。精簡是談話的藝術。什麼是精簡？「精是掌握中心，針對主題；簡是直截了當，不兜圈子。切忌喋喋不休，虛耗對方的時間。」

面對投訴時，不論投訴者是誰，或投訴是否有理，應先對投訴者表示同情，願意聆聽其投訴，「與其說一不字，不如說一是字。更來得懇切和適當。」依何善衡的看法，避說「不」字的好處，可避免對方誤解你跟他對立，跟着就會不願接受你的建議，就算無法滿足對方的要求，仍要婉轉地回答，並請求對方諒解，比直接以「不」字回答好多了。

◎待客的技巧

銀行的客人來自各行業各階層，不能只有一套接待方式，而應就不同類型的客人作出相應的應對（三十——三十五頁）。何善衡將一些有潛在麻煩的客人粗略分成以下幾大類型，制定近似「教戰手則」，建議員工因應不同特質的客人而作出適當的對待的技巧。

高傲的客人：要恭敬、謙遜，令其自尊心得到滿足，細心聆聽其要求。特別是，「對付自大狂，目中無人的客人，小心應對外，不妨略加讚揚，戢其狂氣。」一般而言，「在未了解對方性格之前，仍不宜妄拋高帽，以免弄巧成拙，惹來一乎奚落。」

橫蠻的客人：蠻不講理的客人如何應付？答案是，要忍耐，聽其投訴，用簡單清晰溫婉語調解釋，態度誠懇為客人解困。

因誤會而生氣的客人：用友善態度解釋及消除誤會，客人會心平氣和。

情緒欠佳的客人：用同情的方法對待，令其情緒平伏。

專門來鬧事之徒：請上級來處理。

自卑感的客人：如長相或身體上有缺陷的客人，或教育水平不高的客人，常有自卑感，怕被旁人瞧不起，常誤以為他人給他刁難。對待這類客人要特別小心：「切勿用眼睛注視着他，以免加深他不安的情緒和種種的疑慮。但亦不可像漠不關心而露出輕視的樣子，以免他誤會自己是不受歡迎的人物。更不可仿效其說話或神態，否則，很易誤會你在對他調侃……自己無論怎樣忙，也應留神諦聽，如有向他解釋時，應盡量表露同情及誠懇的態度。」

女性客人：特別對年輕婦女，忌輕佻、浮躁、花言巧語。

◎ **服務原則**

待客之道其實建基在一個基本的服務原則：「企業依靠令人滿意的服務，與社會建立良好的聯繫」（四十一頁）。按此原則，企業必須提供一流的服務，不只滿足客人，令他們會重來做交易，同時會令客人向其親友推薦，令前來的客人不斷增加。一流服務包括了處處為客人着想，細心服務，積極為他們解決困難，在不違反政策之原則下，盡量通融，靈活處理客人事務，就算有小風險或小犧牲，客人有過分要求，或要求無先例可循，都應以客為上的精神提供服務。

經營者必須謹記，優良服務是社會的期望。優良服務包括服務水平要不斷改進及提升，有自發性，主動尋找或開拓為客人服務機會，並主動作出服務。此外，細心聽取客人的要求，並研究其可行性，提升服務的範圍及水平。同情客人亦是優良服務的關鍵。對客人有同情心，等於對客人具備同理心，能易地而處，易地而思，想像處於客人的處境中感受及思考問題，更能準確地理解客人的要求及期望，自然有助於制定適當的方案，滿足客人所需，達成優良的服務。

——上下關係——

上級下級應如何相處，是任何公司必須處理好的問題。依何善衡的觀點，公司內的員工，不管級別的高低，「必須相輔相成，如指臂之相應，始能濟事。」何善衡認為，公司上級與下級的關係，除了權力差別外，彼此之間的感情的聯繫是重要的。「同事間，應互相關懷，要出於誠意……若徒以壓力，即使得到成功，亦會引起員工的反感。」（四十五頁）因此，主管要對下屬，不能單靠權力或指令對待，應以情感連結，關懷聯繫，才會贏得下屬的尊重與愛戴。

特別值得注意的是，上級要善於採納下屬的意見。理由是，員工在前線工作，經常接觸到客人，對公司的情況熟悉，提供的意見經常都跟工作有關的，主管必須認真對待，細心聆聽，審慎考慮，對合理及建設性的意見應廣為接納，並予以嘉獎，藉以鼓勵員工積極建言，在公司內營造良性的建言氛圍。另一方面，上級切勿視接納下級意見會有損自己的尊嚴，為了面子而冷待或輕視下級提的意見，在組織內形成建言不暢通的氛圍，窒礙員工建言的動機，錯過改善的機會，令服務難以提升。

上下的關係應是相向及互相影響的。下屬應如何對待上級？唯命是從？奉承討好？還是陽奉陰違？敷衍了事？何善衡認為，下屬對上級應予以尊重。理由是，主管有豐富的經驗和理解力，對工作的安排自有理由，下級應服從指令，切實執行。主管不受下屬尊重，自不會關懷下屬，公司的上下合作不佳，生產力必受損。下屬對主管的尊重，如對長輩尊重一樣。但尊重不等於逢迎，逢迎是諂媚，是不該做的。

何善衡告誡員工應遵守公司的滙報流程，遇到特別事情，或有任何的建議，應按公司規矩，向直屬上司報告，切勿越級請示，這種越權行為是不可取的，因為會令直屬上司不知情，上司被其上司問及時會尷尬，上司會有被架空的感覺；另外，越權行為亦會製造混亂或失去效率，因為所報告之事或提的建議，或已經在處理中。另外，若發現工作有待改善的地方，員工應敢於發言，向上級提出建議。何善衡認為胸襟廣闊的上級一般是不會不考慮或不接納有建設性意見的。但提意見必須合理，且用語圓融，給上級留些空間。

在好的主管領導下工作自然是員工的幸運，但若遇到差勁的主管時，員工的生活則很難過。遇到刁難的主管時，員工應如何應對？何善衡認為，若不幸遇到這類上司，員工動輒得咎，應盡量忍耐，「要謙遜，事事請教他，遷就他」因為「忍讓與遷就，並不是弱者的行為，而是一種腳踏實地的工夫。」（四十七頁）這種看法，無疑跟何善衡推崇忍德是一致的。在上世紀六七十年代的香港商界，這種忍的職場倫理可能是相當的普遍，大家都會接受及習以為常，不會產生太大的反感。然而，時過境遷，隨着社會的進步及開放，人們開始重視工作的尊嚴及職場的倫理，很多員工不一定將忍德視為應對刁難上司的萬應靈丹。

若上級的工作指令有嚴重的錯誤，何善衡認為下屬應「竭力諫止」，或將工作延後執行。在這種情況下，何善衡建議的諫止之舉並不是容易作出的。原因是，職場之權力的不對稱，下級對上級習慣上是聽命服從，就算上級不合理的命令，下級通常怯於其權威，縱使心中多不願意都會照樣執行。要求下級向上級進諫是一個非常的要求，況且，在保守家長風氣比較強的華人公司中，員工習慣於服從文化，對上級必恭必敬，唯命是從，對上司的指令提出諫言或質疑，必須有莫大的勇氣，以及可能面對引起上司不滿而產生不利自己職涯的風險。何善衡在這點上所言不多，不知他如何處理實際執行問題。

——同級相待——

何善衡相信，以禮相待是同事之間的互相對待原則。天天共事的同事雖然彼此熟悉，但並不表示熟不拘禮，禮貌仍是重要的。人與人之相處，有時一些不經意的動作可能會造成誤會，製造人際隔閡，傷了感情，妨礙合作。何善衡勸誡後進平日與同事共處輕鬆時或會說笑，但仍要拿捏分寸，謔而不虐，適可而止。彼此開玩笑時尤其要注意對方的性格，有些人對善意的揶揄，泰然面對，如家常便飯，不以為然；有些人會被無惡意的嘲弄感到渾身不舒服，甚至容易反感。職場輕鬆雖然是好事，但要小心執行，過了頭好事會變壞事。如何以禮相待？何善衡舉具體的例子：「早上見面就叫早安，同事有得意的事，向他道賀；失意時，向他慰問。」

禮之外，互助是另一互相對待原則。何善衡認為，不同崗位的員工雖然各有分工，但不必將之分得過分清楚，有餘力及有空餘時，主動向同工施予援手，為他們分憂解難。何善衡深信，互助精神是重要的職場倫理，亦是推動事業的動力。此外，互相體諒，互相寬容同是職場所需的行為。

職場內若出現常行不善的小人，應如何處理？關於品德不佳的小人，何善衡不像一些迷信人性本善而漠視人間惡行的理想主義者，迴避這個問題。反之，他對職場上品德不佳的人的行為有細微的觀察：「播弄是非，……賣弄人情，抑人揚己……當前恭維，背後詆毀……」。小人犯錯，主因是不知足，不知止，昧於「知足不辱，知止不殆」的告誡。何善衡感嘆有些人太現實，急功近利，但他提醒年輕人，這樣為人即使日後成功，亦不會受人尊敬。雖然沒有直接細論如何應付小人，何善衡藉由闡述為友之道，作為回應。朋友之義，應「自宜坦誠相處，有善相勸，有過相規。」為人之道，「宜道人之長，勿道人之短。」（五十頁）

主管如何處理表現不佳的員工？何善衡建議用寬待及教化的原則（五十一頁）。若員工由於性格而工作表現不佳，主管要耐心輔導、勸勉，令其感悟而改變習慣。若出於智力而表現不佳，主管要有耐性讓他熟悉工作，工作自然上軌道，不應只用責備、催迫，若操之過急，手法嚴厲，會適得其反，令員工更恐慌及惶惑，工作無法改善。

——工作改善——

就職場的工作倫理，何善衡以開誠布公、集思廣益、準備工作、坐言起行、理論結合實際幾個方面談工作改進（六十頁）。

開誠布公：表現在會議上，「開誠」是指員工聚集開會是須共同誠懇，知無不言，言無不盡，徹底交流，深入了解問題，作最佳決定。「布公」，是以公平、公允、公家利益為前提，以大眾的意見為依歸，無私見、私利隱藏在期間，無黨派或意氣之爭干擾。在「誠」與「公」之下，與會的人員彼此消除隔膜或誤會，達致和諧，有效推進工作。

集思廣益：採納別人的意見，才可避免由短視、偏見、私心、固執所造成的錯誤或偏差。位置愈高，愈要虛心接納意見。重大決策必須經過多數人提意見，反覆研議，才作出結論。公司內不管是高層或低層會議，都應遵守以下規則：每名與會者有機會發言，同事間或部門間都可交流意見；集中多數的意見，整合及作出有價值的結論（六十頁）。會議的主持，對每一議題必須聆聽各方的報告，經過分析，加入自己的意見，作出結論。其他出席者應盡量提意見，聽取別人意見，發現自己意見有問題時，避免成見太深，堅持己見，或強詞奪理，應對意見修改或收回。

準備工作：工作若要順利推行，事前準備工作至為重要。準備工作應按目標及範圍，對相關方面有數據作為依據，然後按照程序，對已規劃好的部分依次執行。

坐言起行：方案經集思研議而作出決議，就要執行。何善衡指出「計劃的實行，一經決定，應即實施，否則只尚空談，不見實踐，或者議而不決，決而不行，行而不力」，都不會成功。「坐言起行，實為成功的要素。」（六十二頁）

理論結合實際：做事要注重實效，善於觀察經驗世界，不應過於依賴理論，閉門造車，罔顧事實，與現實脱節；要以實驗的精神測試理論，挑選有用的理論，將理論與實際狀況結合，針對具體狀況制定具體的解決問題。

上面的幾個要件，無論管理層及一般員工都管用，適用於每一個成員，包括創辦人及董事長。

企業靠集體性合作推動業務，領導人在推動集體性合作扮演了關鍵角色。企業的領導應具備哪些特質，才能有效推動企業有效合作，前進發展？依何善衡的觀點，領導人必須擁有包括品德、責任感、決斷力、識才育才等特質，內容如下（五十四—五十九頁）：

——品德才能——

品德：有修養，不自私、不忌才、有胸襟。「取善輔仁」是領導者的大原則，「輔仁」中的「仁」，「……是指人與人之間要合群，親善相處的道理。」取善輔仁的行為表現為，樂於助人，急公好義。何善衡認為，用力量、智慧、幫助他人，比金錢更可貴。

責任：有勇氣面對困難，不逃避責任，不畏縮，敢於承擔，不折不撓，將困難解決。

決斷力：切忌優柔寡斷，或遇事過於審慎，不敢作為；或過於鹵莽，審事不夠周詳，兩者都不足以成事。決策果斷，審思慎行，都在實踐中不斷磨煉、學習、提升。

寬嚴有度、公私分明：管理員工，太寬、太嚴都不適當。太寬可能令下屬漠視組織權威，不聽指揮；太嚴則會產生反感，製造隔閡，下屬表面上雖事事服從，但內心卻非心悅誠服。在公方面宜嚴，在私方面宜寬。公事方面，要樹立紀律，員工要按指令行事，公司運作才能順暢無阻，若下屬有令不從，或陽奉陰違，指令不行，公司無法正常運作。最重要的是，領導者必須以身作則，言行一致，樹立好榜樣，令下屬信服。在私交方面，待人愈寬愈好，多遷就對方，多體諒，拉近彼此距離，提高親和感，加強員工對公司的歸屬感。平日多與下屬接觸，多關懷他們，增加彼此了解。主管應以「長者的心情與身份，愛護屬員，提點屬員」（恒慧，五十二頁）。

勸善糾錯：上級不要以為責任只是監督下屬。下屬出現問題，犯了錯，亦應加以提點、勸導、糾正，防止其再犯，以收勸善去錯之效。特別重要的是，上司切忌做「好好先生」，為了博取下屬的好感，或不願傷害彼此的感情，眼見下屬犯錯而不願批評或不加以指正，或縱容他們不良的習慣，尤有甚者還將之擢升或加薪獎勵，目的是把他調離到別的部門，為自己解除麻煩。這是自私的做法，將應由自己解決的問題推給他人，對別的部門不公平，亦損害公司整體利益，是不負責任的。（恒慧，五十頁）

識才育才：良好的上司，「是知才任用，選賢與能，栽培屬員，……於他善長的設法鼓勵，讓他施展，至於他的弱點錯誤，則應提醒，好令改過。」（恒慧，五十一頁）對有才華但性格稍遜的員工，主管應「善用其長，而善隱其短」。對頑劣的員工，不願充分合作的員工，要設法接近他，用誠懇不斷開導之，直到他改變態度，不要停止疏導之。

親近員工：「主管除了適才適職，量才任用外，就要滿足員工的心理需要。譬如重視員工意見，讚許員工工作成績，加強員工自信心等。」另外，「調和公司與員工的關係，拉近彼此的距離，上下融洽，開誠布公，讓員工覺得是企業的一分子，視公司前途為自己事業的前途。這樣員工的工作情緒自然大大提高，生產效率必然會迅速增加。」「即使在員工眾多的情況下，對個別資深的或特別需要照顧的同事多加親近及關懷，別人並不覺得違背公平原則，反會認為主管人情味濃厚，明瞭到每個人在極需幫助時，均能獲得特別照顧。」「本行在數十年來標榜大家庭精神，其意旨與團體精神不謀而合，為當員工日眾，維繫此種精神之重責便落在部組主管肩

上。」（恒慧，五十八頁）

對待下屬，平易近人，賞罰分明，才會令下屬心悅誠服，接受領導（恒慧，五十八頁）。領導若急功近利，缺乏道德氣節，只求目的，不擇手段，對上奉承，對下踐踏，會令下屬離心離德，與其疏離。

晉升過速，容易招致同事的妒忌或不滿，處於領導位置的人尤其要特別注意與員工的關係。對昔日的同事，應特別客氣，切忌心存優越感，自大驕傲。何善衡的勸誡是，遜厚才是正道，位愈高愈要謙厚。（恒慧，五十九頁）職位愈高，責任愈重。做事尤要謹慎，驕氣易犯錯。驕傲自大令人避之則吉，不會親近，遑論提建議或提醒。於是變成孤家寡人，遇事時陷於孤立無援，容易犯錯，不單如此，錯誤會接踵而來，高位難保。何善衡的告誡是：「養成大拙方為巧，學到如愚才是賢。」

人情與規則兼顧：組織規模大，人員數目多，人情與規則就要作出適當的平衡。何善衡提醒領導層：「事情無論大小，必有規例可循……向幾個人行方便，也許對這少數人盡了人情，但卻漠視了其他人的權益，也是對大部分人欠情……」「當偶爾違規一次後，……往後更有無數的『法無可恕，情有可原』，……『人情』與法紀相抗衡，……使組織行政紊亂。」（恒慧，十八—十九頁）對內要拿捏好人情與規則的分寸，對外亦然。對於客戶，應遵守公司的規則，不應給客戶分外通融。「禮貌上可以做『好好先生』，業務上則宜做嚴峻的執法及守法者。……「雙重標準則不符現代辦事精神。」（恒慧，二十頁）

——上級責任——

主管必須具備統籌組織的能力，以及兼顧公平，才能有效領導員工工作，和諧合作，完成任務。在分工安排方面，必須因應員工的性情、學識、經歷、工作能力等分配工作；並要定期查察，發現分配不均就必須即時調整，避免造成由分配不均所產生的不滿情緒，有損生產力。指派員工工作時必須指示明確，員工有不明白時要解釋清楚。工作經驗不足的新晉員工容易犯錯，主管應適時糾正，不應當眾呵責，傷害其自尊，應循循善誘，因材施教。對工作表現不佳的員工，主管不應袒護或姑息，亦不應不教而誅，直接斥責。將員工辭退是迫不得已的最後手段，有時要手下留情，顧及下屬的生計與前程，同時要反躬自問，檢討自己是否出於偏見，或自身領導不善而導致的結果。最好的做法是將員工調派到別的部門，希望工作環境的改變會帶來新的改變，總之善待員工，給他更多改善的機會。值得注意的是，真正能如此仁慈寬待表現不佳員工的公司，在昔日的商界亦不多見，在今天人情味愈來愈少的商界中可能幾乎是絕跡了。

何善衡雖重職場人情，敦促上級要寬待下屬，但亦了解職場的現實面，承認工作如作戰，「工作單位，等於一隊作戰的軍隊」。因此員工應「依照指示去辦，無論怎樣艱苦，也得設法完成，絕對不容推卸或拖延。」員工遇到困難，應向上級請教，有意見應先向上級提出，由主管決定是否可行。何善衡相信，主管一般是好導師，員工應虛心接納指導，增長知識，不應自恃聰明，自以為是。

——育才惜才——

《恒慧三十篇》中有不少的觀點跟何善衡的論點很接近，應是恒生集體意見的表現。其中有關上級對待下屬的論述，跟何善衡的上下相處之道是一致的。因此，裏面的觀點應可視作何善衡的觀點或何善衡觀點的延伸，基本上反映了恒生人的共同價值[註五]。

上級應善用權責，愛護屬員。上級除了公司高層外，還包括中小領導人。各級的領導人應了解人才對公司的重要，但如何識才、育才、惜才、重才及團結人才；發揮人才潛能，同心同德，和諧合作，是管理層的挑戰及重要職責。

「主管要時刻留意發掘人才，培育人才，並要直接而密切地關懷人才，善待人才，令層層連鎖溝通，達到如臂使指的效用。」善用人才，說易行難，導致未能善用人才其中一個原因，是涉及領導人的個人修養，未懂領導之道。未夠格的領導人「或限於識見和胸襟，對行使領袖的權能，間有誤解，或以之威懾下屬，或以之炫耀於人，而不藉之愛護維繫同儕，致有違企業倚重之旨，結果徒令屬員離心，進而心存嫌怨」。上級應以正向方式協助下屬，「倘若員工在工作上遭遇困難，中小領袖者應本同情心盡量協助他解決，切勿隨意譴責，令他難堪而至灰心，須知幫助屬員解決問題，也就是為自己解決問題，如此員工便會賣力工作，對公司具有向心力，彼此互尊互信，才能產生和諧的人際關係。」

不管中小的領導人，都應了解工作對人的重要性不限於物質的報酬，在職場得到尊重及肯定，能發揮一己之潛能，把工作做好，完成責任，滿足客人，藉工作來服務社會，亦是人們從事工作的動因。「員工並不單純為了報酬而工作，故處身中小階層的領袖須把他們看作自己的親密夥伴，並滿足其需求，才能獲得他們的衷誠合作。而員工除獲得物質上的報酬外，更希望獲得合乎人情的待遇與個人的尊嚴等。……故要使他自覺本身崗位之重要性，是企業裏的一分子，為機構工作就是為社會服務，而不是為生活而出賣勞力的簡單交易行為。」職場內獲得尊重包括了員工的自尊心受到保護，上級明乎此，則「對員工批評時應顧及對方的立場，要鼓勵多於責備。改正員工的錯誤時，應在單獨的場合，而不應在其他人面前糾正其錯誤」，以免令他難堪，打擊其自尊心。上級愛護培育下級是公司文化的一部分，領導人必須身體力行，將育才工作做好。「本行素重同寅間之融洽和睦，親愛精誠，在上者尤其重視對新秀的扶掖提攜，……各中小領袖者，培養胸襟修養，毋辜負公司期望。」

五・本節所引述的文字都出自《恒慧三十篇》，不另標明頁數。

創辦人的價值除了用文字表述外，還包含文字以外，意在言外的部分。前者可稱表述價值，後者屬於涵蘊價值，兩屬一個整體，一外一內，融貫無間。前面有文字記載，且是創辦人行事待人經常表現與強調的。另外，一些涵蘊價值雖未有明說或直表，但卻在創辦人平常待人接物的行為中顯露。何善衡所推崇的價值多屬儒教的價值，雖然他從未以儒商自居，但被稱為廣義的儒商無疑是恰當的。因此，以儒教價值為本的商人之道，應包括以利制義、義先利後、義利相濟、忠恕待人、中庸處事等基本原則，都應可納入於何善衡信奉的價值觀，並以此而構成的商人之道。這裏指的商，不單是指公司的創辦人或統領業務的主管，同時包括了支援協助商業活動的員工。何善衡的儒商之道，是與中華文化基本元素互相呼應的（見下章）。

何善衡的商人之道，反映了他的真實價值，經過他長年累月向員工的言教身教，逐漸成為恒生銀行公司文化的基本元素，直接影響員工的思想行為，規範他們如何對待

上級、同事、客人、自己。內化了何善衡的價值觀的員工，思想、態度、行為都為恒生文化所塑造，形成氣質、態度、思維與行為有別於其他組織的「恒生人」。換言之，恒生文化及恒生人的出現，是何善衡價值成功的傳播及落實的明證。

何善衡的商人之道內涵的價值，包括一家親、重人情、愛員工、尊客戶、關顧社會；組織文化的尊德性、重紀律、崇和諧、求中庸、尊知識、好學習、敢嘗試，都是商業及職場之正向元素，覆蓋商業活動的基本面，包括組織文化、職場倫理、領導道德，商場德性等（Ip, 2000, 2009b, 2011, 2013, 2016；鄭伯壎、黃敏萍，2005；葉保強，2016），似可滿足在那時商業人在職場所需，指導一代或更多的恒生人的思與行。然而，時移世易，世事變遷，超過半個世紀前形成的公司文化到今天是否仍適用？

有人質疑，何善衡所認同及推崇的價值是他所處時代的產物，不一定適用於另一時代。何善衡那一代華人深受中國傳統文化的熏陶，同時傳承了中華傳統中的保守成分，包括忍讓、順從，尊上、節儉等，不一定適合於現代的職場或社會；這些保守成分若不加思索地接受或實行，對個人、公司及社會都可能產生消極的後果。誠然，這個質疑是合理及值得重視的。雖然如此，承認傳統文化中存在消極元素不應盲從全盤接受之餘，對傳統文化的優質元素批判地篩選、吸納、重整、更新、改造，以回應職場及時代所需，亦是對待公司文化應有的態度與路向。無論如何，半世紀前提出的理念不一定不合時宜，上一代人的價值不一定全都與時代脱節，重要的是，具備普遍價值的元素是歷久常新，跨越時代，經得起時間考驗的。究竟恒生銀行早期公司文化是否擁有跨時代的普遍價值？探討這個問題，留待最後一章。

8
定期存
TIME DEPOSITS
9

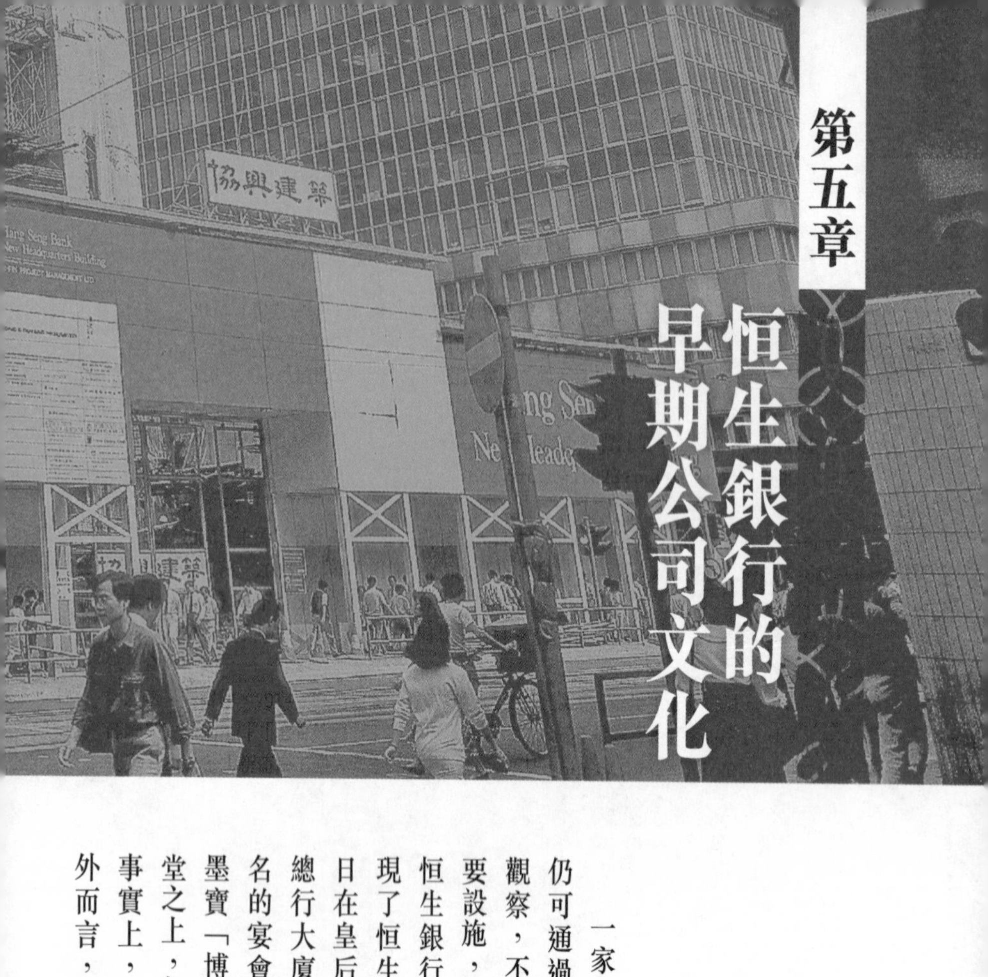

第五章

恒生銀行的早期公司文化

一家企業的文化雖然是抽象的，但仍可通過實物而展示出來。只要細心觀察，不難發現公司的總部大樓及主要設施，通常是公司文化的最佳表徵。恒生銀行總行大樓重要布置，正好呈現了恒生的公司文化的重要標記。昔日在皇后大道中及現今在德輔道中的總行大廈頂樓，設有以「博愛堂」命名的宴會場，內有國父孫中山先生的墨寶「博愛」二字懸掛在中式貴賓廳堂之上，都是銀行的重要的文化象徵。事實上，恒生銀行秉持愛的信念；對外而言，愛即是做好對客戶之服務，

為社會大眾作出貢獻，「秉持一貫的愛心，為社會群眾盡心服務。」對內而言，愛代表珍惜同事的情誼，「彼此視同一家人，親愛精誠，互助互勵，共同奮勉進步。」

01

恒生公司文化的核心價值

● 恒生銀行在一九九六年改用新行徽。

何善衡經常引用古諺「愛人者，人恒愛之，敬人者，人恒敬之。」來勉勵員工。恒生的企業文化的主要內涵，由下列的核心價值所組成，而何善衡的信念與價值觀，正是這些核心價值的來源。恒生公司文化的基本元素，包括大家庭文化、上下一家親、家長式治理、用人哲學、以客為尊、好學社群、品德為上、念舊文化、街坊銀行、回饋社會等。以下分別介紹其內涵[註一]。

——大家庭文化——

一家親是恒生銀行早期的企業文化重要構成之一。事實上，恒生創辦的早期，公司內不少員工彼此都有親屬的關係，就算沒有親屬關係的員工，都彼此以叔伯子姪般互

相對待，年長的員工或上級都以師長愛護學生般對待年輕的員工，彼此關係親切，公司上下如同一個大家庭。公司通訊刊物《恒園》對大家庭的氛圍作了這樣的陳述：「恒生銀行雖然日益壯大，但時以大家庭精神勉勵同事，俗語有云，家和萬事興。為了恒生這個大家庭繼續昌隆興旺，員工彼此需具備互相信任、維護、扶持的愛心與敬意。」管理者愛護下屬新晉，員工亦應尊敬上司。「同寅間彼此秉持愛心相向，再配合現代先進管理方式」，恒生大家庭對前途的擴展更收效益（恒慧，一一四頁）。「恒生是一個大家庭，也是一間學校。」是何善衡經常掛在口邊的話（恒慧，六十三頁）。

恒生銀行逐漸發展成規模龐大企業後，員工人數愈來愈多，業務愈多元化，舊有的家庭式管理逐漸不能配合業務上的需要，於是加強組織制度，走上現代化管理。雖然如此，銀行仍然保留愛心傳統，人情的管理。恒生的管理層，都相信「規章制度是死的，需要人來操縱駕馭，而人的愛心則可超越時空的限制，延綿久遠。」中華倫理觀念的「父慈子孝，兄友弟恭」，是可以應用到企業管理上的。在恒生內部的共識是，年輕的同事，「對資深的同事及主管，當以對待長輩一般的態度，接受他們的訓勉及引導，表現出敬愛的心，有若尊敬孝愛自己父母師長。」另一方面，身處要職的員工，「也應視部屬為自己的後輩，用愛心及關懷去刻意栽培……，扶掖他們」，令他們能成長成為可以寄以重任的接班人。踏入廿一世紀全球化經濟，金融界的全球化及制度化是不可逆轉的趨勢，在日漸制度化，監管化的年代，恒生是否仍能維持富人情味的大家庭式的文化氛圍，肯定是一大挑戰。

——上下一家親——

自銀號開始，恒生的主要員工都是四名創辦人的親戚。其後，梁銶琚及利國偉加入董事局，公司聘請了他們的一些親戚。早期恒生的員工的組成，真真正正是一大家庭，都是創辦人或高層管理的子女、兄弟姐妹、親家、表親及遠房親屬，或同族的成員，同鄉的鄉人。其後這個社群擴大，包括了員工昔日的同學、舊同事或好友。總之，「恒生一家親」不只是一個象徵的說法，而是指實際的情況，至少自早創期開始持續了一段日子是如此。早已退休在恒生有三十四年年資的李錦鴻，姑丈正是何善衡。一言以蔽之，早期恒生的上下員工，是由血緣、姻緣、鄉緣、學緣等組成的親密社群。昔日公司招聘新員工，是採用擔保制度。申請人必須有公司信賴的擔保人才會被考慮。恒生在招募新人方面亦不例外。例如，恒生一名資深員工的兒子要進入恒生時，何善衡的兒子何子焯做他的擔保人，何子焯的表哥申請入恒生時，則由該名老員工的父親作擔保人。

華人重視人脈，認為人生與事業上是否成功，均建在人脈是否夠廣夠厚。人與人之間彼此聯繫靠九同：同宗、同門、同鄉、同業、同事、同行、同袍、同修、同好[註二]。同袍指在同一政府機關共事的人；同修是指同一個宗教信仰組織的成員，而同好則指有共同興趣的人。九同有不同的版本，內容彼此有些差異，但共通的主要包括同宗、同鄉、同門、同行、同事等。這些同大致上是血緣、姻緣、地緣、鄉緣、業緣所構成的人際關係。這人脈網所產生的是熟人社會，熟人社會的特色是，彼此直接或間接地認識，有不同程度的情感的聯繫。

何善衡經常向員工推廣忍讓的美德，期望他們互相體諒，彼此合作，融合相處，彼此以家人對待，年長的員工視年輕員工如子姪，年輕員工視長輩員工如叔伯，同輩的員工中年齡稍長者看待年幼的如弟妹，年幼的視年長的員工如兄姐。員工之間之親密不單反映在彼此之稱呼上，在行為上大家互相幫助，互相扶持更是一種組織倫理。經何善衡的不斷教導，員工之間形成了強烈的團隊精神，深厚的兄弟姐妹的情誼，和諧共處，同舟共濟。員工彼此之間不藏私，能教的願意教，想學的都能學到，能幫的都會幫助。莫偉健引述一個恒生人的互助小故事：有名員工因專業考試即將來臨，需要溫習課程準備考試，然而上班時工作卻是放不下的，於是取得另一同事的私下協助，暫時頂替自己手上的工作，自己躲進廁所內溫習。這種互助的案例相信可能不只個別事件，可能是相當普遍。但亦可反映恒生人之間的情誼深厚。

家長式治理

何善衡主政時，其管理風格如一名慈祥的大家長，以維護恒生大家庭的福祉為己任，關心每位員工，特別對年輕新入職的員工的教育，就如慈祥的家長扶育子女一樣，不停諄諄教誨，將自己的人生及從商經驗所提取的教訓，與年輕員工分享；由於憂心他們入世不深，誤闖歪路，對他們為人做事方面不厭其煩地勸導及訓誡，循循善誘。何善衡像孔老夫子一般，好為人師，用心良苦，勉勵青年員工進德修業，充實知識，增廣見聞，成為恒生的幹才，為社會作出貢獻。何善衡常說，恒生不單是一個家庭，同時是一所學校。在這家庭中，何善衡是名仁慈的大家長，在學校中，他是位仁愛的校長。家長式的領導風格，在絕大多數的華人企業中均相當普遍。根據恒生的資深員工關士光的追憶（Kwan, 2009），恒生早期的管理誠然是家長式的，帶有明顯的父權式的威權色彩，員工必須尊重及完全服從上司的權威，必須有耐性及小心翼翼對待公司的高層。此外，對待上司首要重點是絕對不能令上司在下屬面前丟臉，發號施令的永遠是上司，所有東西都得由上司決定及主導，下屬必須服從照做，下屬自作主張，是犯大忌的。這種家長式管理其實普遍存在於華人企業，恒生銀行不會例外。根據李錦鴻的回憶，何善衡的家長式治理的一個明顯表現是他對員工經常進行的訓導式說話，其中包含不少如「利居眾後，責在人先」等民間智慧及箴言，員工耳濡目染，成為行事價值，主管尤其覺得甚為受用。

根據關士光的回憶錄（Kwan, 2009），他在一九六二年加入恒生銀行當研究部主任（一人部門）時，何善衡身邊的得力助手及員工，都沒有大學學歷，多是中學畢業生，有些連中學還未畢業就加入了恒生銀行，利國偉就是一個極佳的例子。利國偉當時就讀以英語教學的聖若瑟書院，還未畢業就出來工作，其後經何添引介加入恒生。何善衡特別重用來自英文書院的學生，因為他們具備良好的英語能力，而英語能力在香港社會是重要的資源，對銀行發展業務非常有利。事實上，在恒生早期擔任要職的員工，不少英語能力都強。總務處主任文國鎏及關士光本人都是英皇書院的畢業生，因為都能操英文，故受到重用。

恒生在擴展期間，招募大量的練習生，原因是何善衡及何添認為練習生比較易教，特別喜歡任用他們。另外，他們相信實務知識比較學歷更實在。故此，早期他們不太熱衷招募大學生或專業人士。到六十年代後期，才開始招聘大學畢業生，以加強員工的素質。公司悉心培養練習生，並從中挑選有可造之才委以重任，給予他們發展及提升機會，不少練習生之後成為恒生的幹才。莫偉健是由練習生做起，退休時已是恒生的執行董事了。在恒生內，像莫偉健的員工的人肯定不少。

何善衡甄選新人的準則是，三分學歷，七分品德，尤其着重勤奮、好學、謙讓的品德。其餘包括守紀律、守時、有禮等傳統美德，亦是他所推崇的。員工若在工作中展示出這些品德，便會獲得公司的拔擢，委以重任，發展所長。不少由低層一步步升至主管的員工，無不展示出這種特性。

何善衡本人是從低層起家，經歷豐富，因此較容易體恤員工，照顧員工。若無嚴重的過失，他是絕不會解僱員工的，因此，在他任內，很少員工被迫離職；很多從低層入職的員工，不斷獲得提升外，絕大多數都一直工作到退休的。恒生處理人事方面雖然很重人情，亦遵守公平公正為原則，對事不對人，不管職位高低，都以理行事，以理服人。到前副董事長兼行政總裁鄭海泉任內，除了一名經常遲到及無禮的員工被解聘外，沒有解僱任何人。當時工聯會有人前來對此事表示反對，試圖將事端擴大，但鄭海泉認為此事有理有據，不予理會，工聯會最後不得要領。

何善衡不單要培育員工銀行實務知識，更重視員工的待人處事的態度及做人原則。他經常用座談會的形式，教導員工誠信、信任及道德的重要性。鼓勵員工要不斷自我改善，進德修業。在長期的訓話及鼓勵，年輕員工都大受感染、受到何善衡的勸勉感動，主動地努力作自我修養上下工夫。此外，其他重要的德性，包括勤奮、樸實、忍讓、誠信、有禮等都是恒生重視的美德。何善衡本身的言行經常展示這些美德，創辦人的言教與身教，對員工產生潛移默化的巨大作用。不少員工對何善衡的「德重於才」的用人原則留下深刻印象。第三代員工莫偉健對何善衡的「先學做人，後學做事」的教誨記憶猶新。何善衡亦不時勸勉員工不要怕吃虧，有上進心，不怕刻苦，忍讓為上，讓同伴感受勝利，不要獨享。利國偉指出，恒生銀行是以「做人之道」來培訓員工的，早期由何善衡主持，對員工講述忠誠、信用、知識及健康等題目（薛曉光，1993）。何善衡十分重視員工品德修養，悉心培育一群具有恒生公司文化的團隊，並為此感到自豪。他認為恒生人「具有多方面的優良本質，如耐心、勤奮、誠懇、上進心及合作精神，為恒生帶來不少讚譽，這也是我所感到光榮的。」這幾句話是恒生三十周年慶祝會上，何善衡在致詞中對恒生人的品德與態度的嘉許與感恩

● 恒生銀行重視服務，安排職員在銀行大堂協助顧客，例如為長者填表。

(Chambers, 1991: 49)。

——以客為尊——

何善衡體恤客戶的需要，不單心存服務的誠意外，還着重將之落實，因此本着「服務大眾，人客至上」的精神，制定服務守則，規定員工必須以誠待客，其他的待客之道包括「要勤懇盡職，要反應敏捷，培養忍耐、忠誠、整潔及樂於助人的精神，不可誤導或批評客人，或與客人爭辯，應耐心聆聽客人的需要，並即時答覆，還要緊記客人的名字，在客人離去時更應親自送行等等。每當顧客踏進恒恒生銀行，就會得到職員的熱情招待及協助，如代填表格、引介至適當櫃台等等。」何善衡有份投資的大昌行，與日本生意往來密切，經常接觸到日本人經商之道及待客的文化，何善衡很欣賞日本商界接待客人的方式，於是將之引入恒生銀行。客戶一踏進銀行即有職員笑臉相迎的接待，這種以禮待客方式，正是何善衡從日本商業文化學來的。

恒生之待客服務箴言，即著名的「善伯八條」，內容如下：

笑容生和氣
高聲道姓名

工作須迅速
服務要忠誠
態度常謙敬
問答簡而精
對客皆周到
鞠躬謝盛情

何善衡曾表示：「我們自始至終本着顧客第一的精神，並時刻提醒員工，不論是草根階層，還是勞苦大眾，只要他們一踏進恒生銀行，便成為我們的上賓。」註三 恒生的客戶，不管是小廠主、小販、小職員、家庭主婦，一走進銀行大堂，立即感到迎上的恒生員工的真誠接待，感覺自然舒服，留下良好的印象。相比之下，當時的大銀行就缺乏服務態度，令人望而卻步。由練習生做至副董事長的何德徵憶述當時老百姓對大銀行的印象：「一般人都覺得大銀行高不可攀，而銀行方面亦無意作出改善。……工作效率緩慢，職員對顧客的苦候漠不關心……」（Chambers, 1991: 33）

何善衡經常訓誨員工不要對客人差別對待，尤其是不應看不起基層民眾，應放下身段，待客以禮。由於恒生素有「街坊銀行」的美譽，故吸引了不少基層民眾前來開戶存款，其中不少是未受教育目不識丁的，因此恒生便設有代書員，接待這類客戶填寫表格及辦理各種文書。恒生善待街坊之道，深得人心，客人爭相傳頌，親民美名不脛而走，「恒生」很快成為家喻戶曉的品牌。

「善伯八條」在銀行內廣為宣導，印成單張分派給每個員工，同時通過廣播及談話向全公司傳播。經過這些傳播，每個人都能背誦「善伯八條」的內容。「善伯八條」的效果很好，銀行很快在社會中建立到良好的形象，員工禮貌待客，服務優良。

關心客戶，為客人負責，是恒生上下信奉的待客之道。這種負責任的態度特別展示在處理客戶申請借貸方面，以審謹的原則審理有關借款的理由，包括提醒客戶避免借款來炒賣房地產或股票，提醒有關的風險。這種為客戶易地而想的審批態度是銀行對待客戶應有之道。除此之外，當客戶在資金上遇到困難時，恒生的一貫做法是盡力為客戶解決困難，協助他們渡過難關，不會見難閃避，「下雨收傘」。

根據莫偉健的回憶，昔日的外資大銀行如滙豐銀行及渣打銀行，客戶主要是外商及高級華人或中產人士，銀行使用的單據等文件都用英文，與一般民眾之間存有距離，街坊因此對大銀行有難以接近的感覺。剛好相反，何善衡等創辦人一早鎖定客戶主體是中小型企業、小商販及普羅大眾，因此用心將銀行打造成街坊銀行，銀行內的單子除了用中文外，彬彬有禮的職員，還可主動為客戶填寫單子，方便一些不識字的客人，因此甚得街坊歡迎，街坊銀行的形象深入人心。此外，別的銀行很少設立客戶服務員的，但恒生敢為人先，開設了客戶服務，聽取客戶的意見，以改善服務，或推出新的產品。莫偉健清楚記得一次客服的同事接到客戶遺失信用卡的求助來電，遺失的卡還包括其他銀行的，那位客服很能為客人着想，同時代查了其他銀行的電話告知客人，這種貼心的服務在今天亦不容易找到，何況是在上世紀的六十及七十年代？可見恒生員工質素之高，亦反映銀行管理有道。

當時，恒生為了增加存款戶，巧妙地製作了一系列的廣告，鼓勵民眾儲蓄，推廣積少成多的美德，其中一首儲蓄歌經常在電台上廣播，歌詞淺白易記：「小莫小於水滴，滙成大海汪洋；細莫細於沙粒，聚成大地四方」，成為家喻戶曉的歌曲，亦成為民眾六十年代的集體記憶。配合儲蓄歌，恒生亦製作了多款的儲錢箱，贈送給客戶。

——好學社群——

何善衡的特質之一是好學，對獲取新知識及認識新事物，都充滿好奇心及熱情。一九五零年到五二年，他到國外考察，學習西方金融行業的實務及狀況，同時找尋投資機會。何善衡深切了解，恒生從銀號轉為銀行，在業務上是提升到一個新的台階，需要補充自己欠缺的很多現代的金融及經濟知識，以及外國銀行營運及管理的實務知識，才能把業務管理好。達到這個目的，一些公司創辦人可能會派得力助手外訪取經，而不會親身外訪。但何善衡與眾不同，他認為親身的考察才能獲取更實在的知識與經驗，這也許是好學的人的人格特質吧！

恒生的創辦人及領頭人個個都謙遜好學，有知不足，不恥問的風範，經常調派員工四出學習，吸收外國先進知識技術。利國偉與文國鎏就被派往其他先進的香港大型外資銀行學習，特別是到滙豐銀行取經，學習包括存款、放款、滙兑、押滙等金融先進業務；又學習人事、會計、稽核等內部控制方面的實務。滙豐銀行身為本港銀行龍頭，但並不嫌棄恒生這類本土銀行，給予恒生慷慨幫忙，提供很多寶貴的支援。滙豐有恩於恒生，恒生老員工都尊稱滙豐為「契爺」，不忘恩主。那時，恒生與滙豐是兩家獨立的企業，到一九六五年銀行擠提風潮，恒生被滙豐收購，成為滙豐一員。

昔日民眾到銀行開戶存款是有一定的存款額規定的，對不少低收入戶而言，開戶是有困難的。然而，華人銀行家頭腦精明，洞察商機，降低開戶的門檻，令更多人能輕易開戶。上海商業銀行的陳光甫眼光獨到，敢人之先，首先推出「一元開戶」計劃，大受民眾歡迎。恒生諸領導人善於學習，不甘後人，取人之長，隨即跟進，推出相類似的計劃，增加了不少前來開戶的新客人。

創辦人及領頭人是好學型人物，並奉行「做到老、學到老，邊做邊學，邊學邊做。」的學習哲學，在上行下效及家長式的氛圍下，恒生成為學習型組織是順理成章的事。事實上，何善衡的終身學習的信念，在恒生的銀號年代就展示出來。每年的春節，何善衡都跟十來個員工單對單地談話，檢討他們在過去一年內的工作表現，以及詳細告知他們如何改善。隨着銀號的長足發展，何善衡沒有足夠時間跟員工逐個攀談，改為跟一群員工同時交談。一九五二年，何善衡開設了定期的課程，訓練員工有關銀行實務知識，其中一些課程在一九六三年向社會大眾開放，免費提供給有興趣的人前來修讀。這種為社會傳播金融知識，培育人才，是回饋社會的一種表現。當時，銀行界只有恒生銀行推出這類免費的金融課程給社會人士進修，吸引了不少年輕人報讀。

念舊報恩

恒生的創辦人很念舊，對僱員十分關照。有一段令人津津樂道的舊事，反映何善衡如何深切地關懷員工。一九八零年，何善衡找何銘思在上海尋找一名原上海恒生的舊員工，名叫陳震夏，原因是陳震夏一九四九年與何失去聯絡，陳震夏有一萬元留存在何善衡處。何善衡要將錢歸還。找到當時在上海工作的陳震夏後，陳震夏一家被安排來港，何善衡將錢悉數歸還。陳震夏意想不到一萬元經三十年後變成一億二千萬元。與何善衡商量後，陳震夏把錢分成三份；一份當家用，一份支持內地教育事業，一份捐獻香港。這故事彰顯了何善衡念舊及關懷員工，在員工及社會中廣為流傳。恒生不斷發展，大量招聘各方面的人才，但對舊員工仍很照顧，沒有忘記這批員工過往對公司付出的辛勞，從未因為有新人的加入而辭退舊有的員工。反之，對從銀號時期就入職的舊人，公司給予各種的培訓，令他們學會新的知識與技能，吸納更廣的經驗及接觸更廣的客戶，擔當公共關係的新職位，其餘的則出任出納員。

在宣導他的價值觀時，何善衡叮囑員工為人必須飲水思源，不忘其本，知恩必報，無疑是用別的講法來強調念舊的價值。在《閱世淺談》第十章結語中，何善衡有關「飲水思源」、「知恩必報」、「不忘本」的文字，很能彰顯念舊的涵義：

「……，無論師長的誨導，上司的提攜，友儕的協助，都視為一種恩典，時刻銘記在心，不敢或忘。」

「一個人縱有才華，亦必須有先輩的發掘、栽培、給予機會，及經時日之磨練，才華方能顯露而有顯赫卓越的成就。」

「……歷來成功的大人物，對他出身的地方，和曾受指導或幫助過他的人物，都念念不忘，小的雖一飯之微，亦思圖報；大的則終身感恩，甚至生死不辭……」

「……以德報德的精神，至今日依然存在，兒女對父母的奉養，成功了善必歸親，還有做學生的，學業有成，也必懷念師長……」

「……知恩必報，自能仰不愧於天，俯不怍於人……」

在家長式的組織氛圍下，公司的創辦人的念舊行為，肯定對員工的思想行為有潛移默化的影響。上行下效，無疑是組織的潛規則。念舊文化從上而下，長年累月在組織內擴散、滲透、植入，念舊價值會逐漸深入員工心中，變成行為習慣。念舊文化的一個最佳印證，是「恒生舊老夥聯會」的成立。聯會的成員很多是在恒生銀行工作三十年的老員工，退休後希望仍能維繫同事的情誼，因此創辦此會。事實上，恒生大家庭般的組織文化對員工的長期熏陶，公司內形成巨大的凝聚力，同事間建立了老而彌堅的兄弟姐妹般的情誼，離職員工在事業上雖然不是恒生的職員，但在身份認同上仍自覺自己是恒生人。這種持久深刻的組織認同，沒有真正的文化認同，沒有真心的念舊情懷，是不可能發生的。

報恩不單限於銀行與員工之間，同時出現在公司與客戶之間。上文有提及，恒生早期的客戶多是規模小的小商戶。小商戶因銀行在他們急需資金之時予以援手，渡過難關，不少受過貸款援助的小廠廠主日後都成功發展成大公司，他們不忘恒生昔日雪中送炭的恩情，一直與恒生保持密切的關係，成為恒生忠誠的長期客戶，支持恒生發展。

常言：得道者多助。恒生愛護員工、以客為尊之道自然招來多助，獲得回報。助人者人亦助之，尊人者人亦尊之，愛人者人亦愛之，乃社會中人們和平共處的回報定律，恒生公司文化若能持續堅守這定律，定能歷久常新。

——服務街坊——

六十年代，滙豐、渣打等外資大銀行營業時間是，每周平日上午十時至下午三時，周六上午十時至正午十二時。一般華資銀行的營業時間通常是平日朝九晚五，周六是上午九時至下午一時。對照下，恒生每周開門六天，每天朝九晚五，是華資銀行中營業時間最長的一家，同時是全港唯一的一家最長營業時間的銀行。恒生連周六下午都營業，無疑為客戶提供更方便的服務，尤其是不少平日要上班的員工或開店的商販提供了方便。

恒生的早期客户，主要是上環一帶的商人。如上文言，隨着香港的產業轉型，製造業開始蓬勃，客戶群大幅地擴充，規模較小的商戶，如貿易行、中小型工廠或公司，行業涉及成衣、玩具、塑膠、五金、電子等，都紛紛成為恒生新增的客戶。這些新客戶，多為本地的廣東人，找一家跟他們同聲同氣的華資銀行是很自然的事，銀行因為一向都能為華人提供親切及可靠的服務，因此在華人圈子內聲譽甚好。相比之下，規模大的公司，特別是紡織業的廠主，依然會尋找外資大銀行的服務。事實上，滙豐、渣打等英資銀行的客戶主要是洋行、大企業和香港、外國駐港的政府機構以及外籍人士。恒生與滙豐的客戶分別屬於香港兩個不同的階層，恒生客戶主要來自基層民眾，上班族及小廠家，滙豐的客戶是外商巨賈、社會權貴、上流社會成員。然而，社會的絕大多數成員畢竟是一般平民，這點正是恒生之能扎根社會，深入民間之原因。

如上文所述，一般民眾尤其是基層對大型外資銀行都望而卻步，敬而遠之，而大銀行事實上對一般客戶的服務亦強差人意。何善衡以客為尊的待客之道於是發揮創意，開創經理迎客的制度，成功地拉近了民眾與銀行之間的距離，加強了銀行的親和感，讓民眾更容易接近銀行。這項新制度推出之初，令不少基層客戶受寵若驚，很受民眾歡迎，其後證明非常成功。根據利國偉的回憶，當年分行的設計，把經理室安置在大門入口處。「人客進來時，經理立刻可以打招呼，有問題也可以到經理室。」（薛曉光，1993）

當時小商戶向銀行借貸需要種種財務的條件，包括資產負債表等，對小本經營的小廠家來説是難以應付的。然而，恒生銀行當時設立專門針對商戶的外務處，由不同的小組分別針對不同的產業，包括塑膠、電子等，做市場調查，並與廠商緊密聯繫，蒐集市場情報，為客戶提供更好的服務。恒生員工四出聯繫客戶，聆聽他們的困難，深入了解他們的狀況及加以協助，令他們得到資金的援助。恒生對於小本經營的客戶，「絕不介意，因為我們不但認識他們，更了解他們的生活背景，家庭情況及公司業務，我很樂意助他們一臂之力。香港的成就全賴這羣人努力。」何德徵回憶當時與客戶的關係(Chambers, 1991:36)。

為了進一步在社會扎根，與普羅大眾建立聯繫，恒生銀行鼓勵民眾儲蓄，製作了文字簡潔、寓意深遠、婦孺都能琅琅上口的儲蓄曲（見上文），通過電台及電視的不停地廣播，儲蓄曲及其儲蓄觀念逐漸深入民間，儲蓄廣受社會認同與接受，成為民眾的德行。配合儲蓄曲，銀行推出一元開戶，讓更多基層家庭及年輕人都能在銀行開戶，且向孩子免費贈送儲蓄錢罌，鼓勵自小養成儲蓄習慣。此項有利公德的措施，對銀行的客戶的擴充亦大有裨益。利他與利己並行不悖，恒生的經營智慧又一表現。誠如其後為恒生掌舵的利國偉所言，銀行成功的關鍵之一，在於何善衡能將銀行普羅化，拉近了銀行與民眾之間的關係，使之深入民間，令恒生成為民眾容易及樂於接近的銀行。誠如上文引述過何善衡之話：「……不論是草根階層，還是勞苦大眾，只要……一踏進恒生銀行，便成為我們的上賓。」感受到被尊重的客人，都是會再來光顧的客人。

事實上，恒生從開業那天就與平民百姓打交道，做交易，加上何善衡創製的以客為尊的待客之道，與廣大的勞動民眾拉近了距離，結下深厚的聯繫及信賴，長年累月累積的人緣，奠定恒生銀行在香港無人能取代的地位，而恒生被社會冠以「街坊銀行」的美譽，實在是實至名歸。

◎民眾的印象

究竟恒生銀行在民眾心目中是一家怎樣的銀行？一般人對街坊銀行的印象是怎樣的？以下是數名老香港對昔日恒生銀行的印象[註四]：

（一）

「上中學一年級，已跟同學一起去學校附近的恒生分行開戶口，嘗試這新玩意。午飯後常進銀行存儲一毫幾分，職員也不厭其煩的細心服務，使我們飯後有好去處。六十年代實力雄厚的銀行有好幾家，滙豐，渣打無人不知。但這兩家雖與大陸及香港有淵源，但總是似鬼佬銀行多些；又以為要存很多錢才能開戶口及獲得服務。當時華資銀行除恒生外，還有廖創興、永隆、東亞等。但印象中恒生實力最雄厚，分行多，服務好，且與時並進，技術趕上潮流。本地銀行能有此發展，街坊都引以為傲。後來恒生雖賣了給滙豐，但其本土形象並無受損。相反，這給人錯覺滙豐要靠恒生來鞏固其本港業務！對小市民來說，銀行服務不外乎儲蓄，出糧，按揭等基本項目，每間銀行都能辦到。但恒生的本地性及親切感，非其他銀行能及。對我來說，這是一種銀行情意結吧。」

（二）

「我從十幾歲就用佢到而家，覺得他們以中國人的傳統精神去管理銀行而又不失西方的管理制度。當時鬼佬銀行對中國人歧視（今天渣打、花旗等依然如是），但我恒生派錢罌、過年有古雅財神，印象中是他們首聘『鞠躬禮賓員』在大堂主動幫忙，而不是去詢問處排隊。他們懂得培養年輕客，如錢罌，小孩存摺，第一間在大學開分行等，不過現在服務差很多。」

（三）

「他們的職員十分有禮，一入大堂就有人鞠躬歡迎，上一輩老人家很受落，我則嫌過分熱情。恒生非常重視中文，很早就有中文秘書職位之設，請的都是老師宿儒。」

（四）

「服務周到，職員有禮有效率；在所有地鐵站都有櫃員機方便提款存款、打簿……所以由大學時期到現在，我仍繼續用它的服務。它處理我的賬户從來沒差錯。」

（五）

「能成功維繫大量幾十年老客户，建構廣大人情網絡，作為零售銀行，根基必然穩固。在這風大雨大的年代，恒生給人印象依然穩重可靠，尤為難得。」

（六）

「恒生銀行數十年來不嫌煩瑣打造成街坊鄰居式的銀行，小市民不知不覺把她當成半個社會，入恒生就像入郵局般，此信賴得來不易，且持續得頗成功。過去有銀行為賺錢兵行險着推出不太穩陣的產品，結果客户感覺受騙，恒生則較有良心，少聞為收益而出賣客户利益。整體頗為正面。」

一名從未在恒行銀行開過戶口的朋友對恒生有以下的印象：

（七）

「……以禮招待客人著名，可能是第一間在大堂有專人招待和第一時間招待客户，不論大小客户，一改以往銀行門高户深的印象，所以深受升斗市民，尤其老人家歡迎，成為最成功的本地資本的銀行。她一早回饋社會，辦銀行課程，成立慈善基金，贊助運動（例如乒乓球）後因謠傳，因而擠提，被滙豐收購。第一間在地鐵沿線開設小型分行，更成功吸引小户存款。滙率和收費合理。管理良好，壞賬很少，是本地銀行盈利最好。」

另一名移民外地多年的香港人的憶述：

（八）

「對恒生的印象，我離港多年已有些模糊。但一位今年已九十六歲的舅父則是老客户，他住窩打老道，常去的是彌敦道恒生。早些年我返港也曾陪他去過。印象中職員很親切，與他很熟絡，令人有「街坊」之感。」

● 港督麥理浩一九七九年為恒生商學書院奠基主禮，旁為何善衡。

通過上面幾筆印象，恒生的街坊銀行形象更是鮮明。

——回饋社會——

何善衡對中級幹部不時加以勉勵及提供獎學金，讓他們出國進修，學習新知，開擴視野。何善衡對員工的願景是，他們不單是恒生銀行德才兼備的幹才，好員工，同時是香港社會上的人才，好公民。按何善衡的理想，恒生是一個大家庭，亦是一所大學校。大家庭給人予養育、扶持及溫暖，讓人健康成長；大學校為人傳道授業，開展德性知識技能，造就有用公民。恒生是家庭的延伸，亦是學校的延伸，因此是大家庭及大學校。其實，何善衡將恒生擔負了連接家庭及學校邁向社會的中介體，發揮了家庭與學校之功能，不單為恒生育才，同時亦為社會育才，恒生商學書院的創立，正是以培育商業人才回饋社會的最好證明。

一九八零年九月恒生商學書院第一批學員入學，象徵着恒生為社會培育商業人才的願景得以實現。當時社會一個流行的傳説，指書院的設立是專門為恒生銀行培養員工。然而，這是一個美麗的誤會，事實是，恒商的畢業生並不是自動就成為恒生的員工，只有兩成的畢業生獲聘為正式員工，其餘的會到其他公司找工作。恒生商學書院除了學費全免外，還為學員提供免費住宿，對當時很多入讀的清貧學生是極大的幫助，很多畢業生之後踏出社會工作，無不將恒生視為恩人。恒商的創立及多年的辦學，為社會培養金融人才，充分體現何善衡等一眾恒生創辦人心懷社會，服務社會，回饋社會的理想。那些年代香港商界並未流行企業社會責任的論述，今天看來，恒生銀行早在八十年代就落實了企業社會責任了。

除了創建恒商以培育銀行業人才之外，何善衡一直希望提高民眾對銀行業務的認識，於是將有關的資料向大眾公開，讓他們到恒生來參考，作為一種社會平民教育，亦可讓民眾多了解銀行的運作，同時開辦了一些短期的免費課程，讓有志青年或社會大眾自由選修。這些課程其後甚受社會歡迎，口碑很好，吸引了不少公務員及教師前來上課。何善衡此舉等於是為社會推廣知識，實踐了企業的社會責任。

曾出任恒生銀行副董事長兼行政總裁的李慧敏，對恒生文化及員工的深入觀察，覺得恒生很有傳統華人社會的人情味，這可能是由何善衡等創辦人成功打造的組織氛圍的結果（EuroMoney, 2017）。李慧敏直言恒生是名副其實的本土銀行，在社會打下深厚的根基。從在恒生多年做事的經驗，她歸納了恒生文化有三特色：

第一，恒生關懷社會：持續地對社會尤其是慈善事業作出貢獻。

第二，堅持以客為尊的傳統，用心了解清楚客戶的需要，作出相應的服務，令客戶對銀行建立強的信任。

第三，恒生的管理風格雖有濃厚的家長式色彩，然而員工並不抗拒，且相信高層的決定，因此形成統一合作的團隊。

李慧敏的觀察跟很多熟悉恒生銀行的同業的看法是相當一致的。

一・本章的內容，部分參考了對恒生昔日員工的訪談資料，惟資料來源不會個別標示。

二・九同的另一版本：同宗，同婚、同鄉、同業、同事、同學、同會、同居、同好。

三・何善衡，維基百科，https://zh.wikipedia.org/wiki/何善衡。

四・如序所言，這個調查在二零一八年十一月底進行，對象是五十年代在本地出生的香港人，請他們用文字來講述他們對恒生銀行的印象。

02 價值的傳播與植入

何善衡經常在公務之外，舉辦座談會，召集青年員工出席，與他們講述他的經商處世之經驗，深入淺出，寓意深遠。座談會的主題除了有關職場的做事道理外，亦聚焦在年輕人做人做事之道，何善衡目的是提醒青年人要走正道，免入歧途。除這些經常的座談會外，何善衡亦通過每天的廣播，傳遞自己在職場與做人的信念與價值，為組織注入信念與價值。這些勸勉員工的箴言，都記錄在《閱世淺談》之中。經年累月，這些措施與活動，成為了創辦人價值傳播的動作，同時是恒生公司文化建構工程的部分，員工在長期的、經常的、重複的信念與價值的傳播下，逐漸對何善衡的信念及價值加深了理解及認同，在不知不覺中內化成為自己的信念與價值，經過這種信念與價值的社會化，創辦人的信念不再是創辦人一人所有，而推廣成為恒生員工各人認同及信奉的信念及價值，創辦人的信念與價值變成了恒生員工的價值認同根基，而通過對信念與價值的擁有，恒生員工的身份被構建起來，即，擁有這組信念及價值正是恒生人的特質，恒生人是認同及實行這組信念與價值的人。以這組價值為基礎所衍生及塑

造的言行、態度、氣質，足以將恒生員工跟其他企業的員工清楚地區分開來，形成一個與眾不同的群體。整個過程，體現了創辦人信念及價值成功的傳播與植入組織，與恒生企業文化形成與鞏固的過程。

何善衡是儒家信徒，尊崇孔子，將所有員工視為學生，教導員工如老師教導學生一般。一般的年輕員工，大多數是以練習生入職的，中學程度，很容易接受何善衡的家長式領導風格，習慣他的家長式教誨。然而，有少數在英文書院畢業的「番書仔」，因為熟習西式比較自由的教學方法，不太容易接受何善衡的領導風格，對家長式的教導稍有微言。據關士光的憶述，何善衡的教導方式太接近中國大陸那套政治灌輸。六十年代文化大革命席捲大陸之時，老百姓每天要誦讀及背誦《毛語錄》。在恒生，員工個個要熟讀及背誦何主席的語錄，並且有定期的工作改善聚會來審視員工的工作及表現。恒生的員工包括新入職的新丁都非常專注地聽何主席的話，並且會無條件地服從他的命令，公司內流傳「何主席每句話都是對的」口號（Kwan, 2009: 113），當然有些員工是稍帶開玩笑式的説這口號，但有人卻將何善衡的話視為句句是真理。華人一向服從性很強，習慣於父權文化，家長式領導，很多中小學教育都強調服從權威，尊敬長輩，殖民地教育加上傳統中國父權的文化，自然將聽話、服從、崇尚權威奉為做人做事的美德。何善衡不單是創辦人，且積極地扮演着大家長的角色，誨人不倦，員工都當他是慈祥的大家長，自然相信他的話，對他百般服從，按他的意思行事。昔日的華人社會，無論家庭或學校、商業、政治，家長式領導視為理所當然，天公地道之事。

入職時，新人都獲派一本「本行員工手冊」及「青年商人的修養」，銀行要求員工細心閱讀，並提交閱後感。

一九九五年，鄭海泉獲委任為滙控集團總經理及香港上海滙豐銀行執行董事，一九九八年，他被調派到恒生銀行出任副董事長兼行政總裁。初到恒生時，他原來的想法是留任一年。在此期間，鄭海泉對恒生銀行的文化及傳統留有深刻的印象，恒生的人與事令他感受到華人銀行的獨特氛圍，工作愈覺愜意，於是改變了原來計劃，延長了任期，最後在恒生度過了六年半的難忘歲月。鄭海泉最難忘的日子是二零零三年沙士高峰期間，恒生為了維持對客戶及公眾的服務，沒有將銀行全面休業，只將一部分關閉，令一部分繼續向外開放營業，但每位員工必須戴上口罩上班。

滙豐銀行在一九六五年收購恒生後，一直保留高度的自主性，維護其傳統，從滙豐銀行派往恒生主政的鄭海泉及李慧敏都有這些共識，受訪時都認為恒生一直保存了由何善衡等創製的文化傳統，包括大家庭氛圍、人情味、待客以禮等，而滙豐承認這是恒生獨特的文化，且加以尊重及予以維護；惟在制度及管理制度及科技方面力求現代化，以適應全球化的金融需要。事實上，就體制及傳統而言，滙豐銀行委實與恒生銀行有明顯的差別，前者是英資的國際性銀行，後者是華資本土銀行，有人就打趣地說，滙豐與恒生的關係，猶如一行兩制：在滙豐銀行的體制下，恒生具備高度的自主，保留了有異於滙豐文化的獨特文化。但時代不斷地變化，金融業的變化特別急遽，這個一行兩制的格局仍能維持多久？恒生在變化中是否能保持其本來的性格及特色？有位資深的金融界前輩認為，隨着愈多的恒生舊員工的離去，文化的改變勢難避免，昔日恒生因應每個客人的情況而酌情處理的空間，隨着制度化會減少，一行兩制或會演變為一行一制。一些恒生的老員工最大的憂心是，恒生現時主要的挑戰之一，是如何保

留其優良傳統，如何傳承創辦人之一，何善衡的一些核心價值。

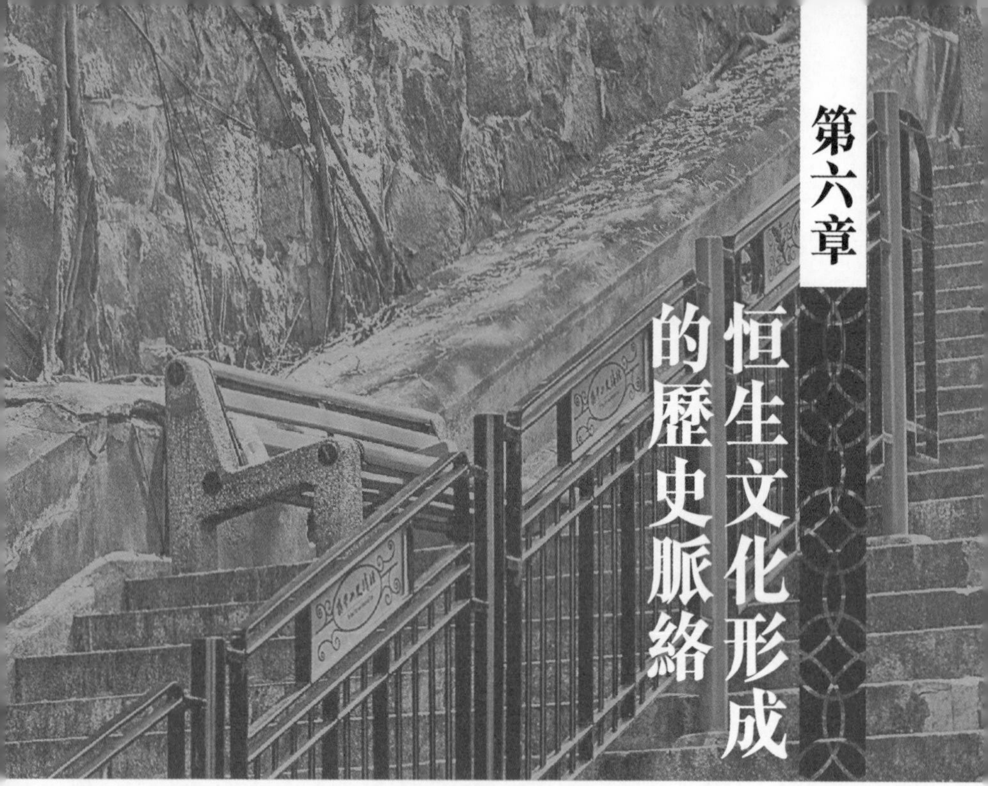

第六章　恒生文化形成的歷史脈絡

　　香港在一八四二年開埠時，港島的住民大約有七千四百人，以華人為主。經歷過數次大移民潮，包括清末太平天國運動、義和團運動、一九一一年辛亥革命、軍閥割據、一九三一年中日戰爭、一九四六至四九年第二次國共內戰等，大批大陸難民湧入香港。此外，一八五六年廣東省爆發土客的集體械鬥，廣東台山、開平、恩平等地十多個鄉先後發生本地人跟客家人的大規模械鬥，社會動盪不安，大批客家人南移香港避險。一直到了二十世紀中期，香港人口的絕大部分都是中國移民，香

港可說是一個典型的移民社會，此外，移民大多是逃避亂局或戰爭而來的難民，故此都有難以抹掉的難民心態。恒生銀號於一九三三年在香港創立，日軍佔領期間短暫停業，移往澳門經營，戰後從澳門返回香港重新開業，五十年代到六十年代是恒生銀行的發展早期，正值香港早期的工業化及其帶動的社會發展，這些年亦是恒生文化產生及形成的時期（余繩武、劉存寬，1994；王賡武，2016；張麗，2001；Endacott, 1973；Tsai, 1993；Miners, 1987；Faure, 1997；Chan, 1991）。

01

移民社會

開埠前，香港住民多聚居於新界地區，以務農為生。一八四一年後，香港的政經中心集中在香港島，那區是人口集中之地，島北面沿海一帶，即今天由西環、上環、中環至跑馬地一帶的維多利亞城，是人口聚居之地。一八四四年，居住在維多利亞城內的華人約一萬三千人。開埠初期，不少包括英、葡、德、美等國家的外籍人士來港經商或傳教。根據一八七一年的人口普查紀錄，居港的外籍移民還包括法、丹麥、意大利、西班牙、瑞士、奧地利、挪威、比利時、俄羅斯、土耳其、希臘、印度等國家，人口相當的國際性，雖然總人口佔九成七以上都是華人。

一八六零年九龍割讓英國，其後的二十年間人口有七成半仍集中在港島，九龍人口只佔百分之四。一八九八年英國跟大清政府租借新界，人口超過一半仍集中在港島。其後港府開拓九龍土地，大量港島住民逐漸遷往九龍，導致九龍人口在二十世紀的二十年代的十年間增加了超過一倍多。七十年代是香港城市向新界發展的新階段，大量的新市鎮包括荃灣、沙田等逐步建成，人口漸向北移（余繩武、劉存寬，1994；張麗，2001；Endacott, 1973；Tsai, 1993；Chan, 1991）。

一九一一年辛亥革命後，軍閥割據，戰亂不絕，大批國民移民香港避難，移民中的少數清朝權貴、民間鄉紳、富商巨賈，將財富、技術、文化、人脈等都一併引進香港，成為日後香港發展的寶貴資源。據估計，在一九三一年的八十四萬人口中，約八十萬人是基層社會的華人住民，只有極少數是富有的有產者。事實上，自開埠以來到十九世紀下半期，總勞動人口的六成以上都是基層的華人，從事的職業包括店員、苦力、小販、傭人、木匠等低級職業（見表六之一）。此外，部分的基層華人是產業工人，僱用於英商開設的太古船塢、黃埔船塢以及海軍船塢等幾大船塢，以修造船舶工作最多。華商及洋行華人買辦人數雖少，但高處華人社會之上層，在政治經濟社會方面都深具影響力（張麗，2000，2001）。

表六之一：1901 年香港華人女性及男性職業分布表

華人女性職業分布		華人男性職業分布（部分）	
業別	就業人數（%）	業別	就業人數（%）
紡織品成衣	9327（49.3）	藤品木器 紡織品成衣 金屬寶石加工	6936（5.5） 3527（2.8） 5041（4.0）
商業與金融業	334（1.8）	商業	16925（13.5）
		儲運	4102（3.3）
漁農業	860（4.5）	-	-
個人服務業	6666（35.2）	個人服務業	49806（39.7）
苦力	1157（6.1）	苦力	23785（19.0）
		建築	7287（5.8）
其他	567（3.0）	其他	6244（5.0）
總計	18911	總計	125468

來源：《1901 年香港人口統計報告書》（轉引自張麗，2000，338-339 頁）

一九三七年中日戰爭期間，香港因未被戰火波及，成為難民逃難之地，當時約有數十萬難民從北方湧入。一九三六年香港人口不足一百萬，大量湧入的難民令一九四一年的人口飆升到一百六十萬，五年間暴增了六成的人口帶來了嚴重的住屋、醫療、衞生、就業、治安等問題。與此同時，大批的南移的工業家及商人帶來了資本及技術，在港創建或繼續工商業活動。此外，大批學者、文化人亦移民香港，開辦學校或辦報等，繼續其教育、報業、出版等事業，豐富了香港的教育文化的資源。

據《一九三一年香港人口統計報告書》的資料，二十世紀的前三十年，隨着經濟結構的轉變，華人從事的職業漸趨多元化，參與製造業、商業與金融業、交通運輸業的人愈來愈多，而漁農業的人數只有一成多（見表六之二）。造船業外，製造業工人還分布在紡織、成衣、金屬製造、食品飲料、煙草、木器藤器製造等產業中。港英政府利用本港優良的港口，將香港打造成轉口貿易的樞紐，促成航運業異常發達，貨船上需要大量的海員、船工（估計約二萬人），轉口貿易同時亦促成了周邊行業興旺，倉庫、貨棧、碼頭林立，產生了大量搬運貨物的苦力（約二萬五千人）。貿易頻繁帶動商業旺盛，店鋪數量日增，創造了不少就業機會，很多人當店鋪的員工，或自僱成為小販。富有人家都僱用傭人，幫忙家中雜務，估計家傭佔勞動人口的百分之十三，反映不少人以此謀生。香港這個移民社會快速成為繁忙的商業城市，亦造就了一群成功的商人，其中華商社群逐漸崛起，成為經濟政治社會一股重要的勢力。

表六之二：1931 年全港人口職業分布表

業別	就業人數（%）
製造業	111156（23.7）
商業與金融業	97026（20.6）
交通運輸業	71264（15.1）
漁農業	64420（13.7）
個人服務業	61161（13.0）

來源：《1931 年香港人口統計報告書》，151 頁《華商總會月刊》1935 年 7 月號，乙，18 頁。（轉引自張麗，2000，342 頁）

表六之一與表六之二的職業分布的資料，展示了自一九零一年到一九三一年二十年間的職業分布變化，間接反映了期間經濟發展的大概情況。三十年代的香港，就業人口的非技術性的勞工佔了絕大多數，他們同屬佔人口絕大多數的社會基層的成員。一般基層勞工的工作與生活的實況，對生活在二十一世紀香港六十歲以下的人來說會是很陌生的。有幸的是，香港政府在一九三九年出版的第一份勞工報告，記錄了部分工人的生活狀況。報告名為《畢特斯報告書》，是勞工主任（職級相等於今天的勞工處長）對本地勞工的調查而寫成的，裏面記載了二十位工人的生活狀況。下面選的四個個案有助了解工人的生活（Butters, 1939）[註一]：

個案一（一五七頁）

姚新（YIU SUN）男性，三十歲（受訪時剛搬運完蔬菜，在港島興隆街的一個攤檔購買香煙）。

抵港一年半，目的是找尋工作。來自廣東省江門縣，在江門時為小農及園丁，現時是德忌利士公司船隻苦力，搬運茶葉。受僱於苦力工頭吳培（NG PUI），吳則受僱於茶葉行會。妻子留在家鄉，無子女，結婚四年，家鄉有母親要奉養。與兩名工友付月租一元租共住中華街（CHINESE STREET）十號二樓閣樓。該層有五個家庭同住，共十八個成人，六個小孩。

定期僱用，按照搬運貨箱數量計算薪酬，每周領薪一次，周薪五至六元。若無茶船到港，無貨可搬，會改搬運蔬菜，日薪三毛至一元。

一天吃兩頓飯，在街上的攤子購買，二毛錢一頓。衣服是從家鄉帶來的。有時一天可賺二元。生病時，住在中華街九號的一名女親戚會照顧他，親戚的丈夫也是苦力。如遇重病，會入醫院。江門的妻子在家織布，所賺低微，母親也能織布。每月大概滙十元回家，家人會用六到七元，把餘下的儲存，作為生孩子之費用。

來港後一直沒有回鄉，妻子從未來過香港。鄉親每月代他寫兩至三封信回家。透過乘坐江門船來往兩地的生意人，將滙款兌換成中國貨幣帶回給家人。希望幾個月後回鄉過清明節。在香港的收入比在江門多。不抽鴉片，但每天抽煙六根，共三分錢。

工作時間：上午八時到下午五時，有時候工作至晚上九時。

有工開時，平均日薪一元六毛錢至一元七毛錢。星期天是假期，在街上蹓躂。

在鄉下拜神，天神，在香港則不管了。不會讀或寫。沒工開時，工友共聚聊天。

冬天衣物兩件單衣，兩件外套，兩條褲子（短褲一）；赤腳。

早上六時起床，晚上八時入睡。下午五時至晚上八時散步。每兩天在家洗澡一次。

抵港半個月後，鄉親把他介紹給吳培，期間供他膳食。不賭博。辛苦工作後，有時會花五分錢飲酒。

個案二（一五九——一六零頁）

任笑英（YAM SIU YING），單身女子，二十五歲，月光手電筒工廠（工人），廠址在九龍深水埗汝州街十一至二十七號。

在職兩年，操作打造手電筒外殼的機器。日薪二十五分錢，兩周支薪一次。工作時間：早上六時四十五分到十一時四十五分，下午十二時四十五分到五時四十五分，有時會工作到下午八時。每周工作七天。

居住深水埗北河街，門牌不詳，與在織造廠工作之母親同住，兩人同用一張床，兩人每月租金共二元。

三年前由廣州來港，在廣州時在同類工廠工作直至工廠關閉為止，日薪廣州幣三十五分錢。

母女兩人有足夠收入過活。不用滙錢回鄉。不能讀寫。不是行會或公會成員。

個案三（一六零頁）

劉秀（LAU SAU），男，五十七歲，人力車苦力（受訪時在干諾道上等待客人僱車）。

從廣東省潮陽區汕頭來港四年，農民，到港後才當人力車苦力，家鄉找不到工作。

妻子去年去世。兒子二十七歲，在潮陽區務農。

居住第二街一百號三樓，是苦力館，十三名苦力共同分擔十七元的租金。

從人力車車主租賃人力車，日租二十分錢，其他苦力晚上租車租金二十八分錢。

每日收入七十分錢到一元，從中支付租金及維修費。

人力車僱用時段：早上五時到下午三時半。之後由夜更苦力接手。

一日四餐，出門前在家食用費十五分錢；早上在街上用十分錢；中午街上十分錢；下午五時家中用膳十五分錢。家中自行煮食，用炭火。

雨天，披上油紙雨衣拉車，材料及裁剪費共一元七毛錢。衣、食、租金外，沒有其他支出。每月給鄉下的兒子滙五到六元。兒子賺不夠錢，太窮無法娶妻。

在香港比在汕頭好。不能讀寫。不是工會成員。來港找工作時鄉親介紹他給人力車車主。

個案四（一六一頁）

林山（LAM SANG），男，三十四歲，細木工人，太古船塢。

在船塢任職九年。已婚，有四歲兒子。住西灣河大街六十一號二樓，為二房東，月租十四元五毛錢（之前為十一元），自用一房一廳，分租給兩住客，每人月租四元。生於廣東省新會縣，十六歲因家貧，與一名同鄉來港。抵港初期在香港島灣仔一家具舖當學徒三年，無工資，包食宿；其後每月工資九元，包住不包食。兩個月後因工資太低離開，找尋零工。幾年後在太古找到工作，最初受僱於包工頭，三年後成為長工。工作以時間計算，不論受僱於包工頭或直接受僱於船塢，日薪均為一元二十六分錢。

工作時間：上午七時到中午十二時。下午一時到五時。星期天工作，工資比原日多一半。加班工作，工資比正常工作的多一半。有病可請假，但無工資。

月薪約四十五元，每月支付。妻子主持家務，無工作，無傭人。非工會或行會成員。家庭膳食支出每月約十八元，每月給家鄉的母親滙款七到十元。能讀及寫中文，小時候在家鄉學的。無儲蓄。

這四個案例的受訪者的工作分別屬於基層社會的四類職業，由被訪者親口自述生活狀況，這些個案雖未能盡現基層社會生活的全景，或可在抽象的統計數字外，具體地揭示基層民眾生活的一鱗半爪。

一九四一至一九四五年日本佔領香港期間，港人大量外逃，人口流失約一百萬。一九四六至四九年第二次國共內戰期間，又有大量的移民湧入香港。一九四九年國民黨政府內戰失敗退守台灣，十月共產黨在大陸建立新政權，有數十萬計移民遷入。移民大多數來自廣東，包括廣州、番禺、南海、東莞等地。香港人口由戰後初期一九四五年的六十萬，到一九四七年就躍升到一百七十萬，兩年就飆升近三倍。五十年代中期，人口再增加至二百二十萬，一九六零年人口增加到超過三百萬。事實上，一九五一年到一九六五年人口的自然增長率超過百分之二十，一九六一年時達百分之三十。到一九七一年，人口已達至四百萬，進入七十年代後，人口增長才大幅放緩。

一九四九年後南移來港的人士，不少帶來了資本及知識技術。如上所言，少數上海工業家帶同資金和技術到港延續原有的業務，或創辦新事業，其中一些工業家創辦的紡織工廠，為香港工業化打下堅實的根基（Wong, 1988）。據估計，這批工業家直接或間接僱用約六十萬多的勞工從事紡織業，而紡織業扮演工業化的引擎，推動經濟發展，成為香港經濟的支柱。到一九六八年，僱用少於一百人的工廠生產了超過四成出口到英國的產品（價值港幣十二億元）。八十年代產業向中國大陸北移之前，中小型工廠是香港工業生產的主力軍，產品由低水準逐漸提升到高質素，而「香港製造」到八十年代成為了飲譽國際的品牌。

一九五一年韓戰爆發，聯合國向中國實施全面禁運，香港的轉口貿易受到嚴重衝擊走向衰落，業者急謀應對以求存，策劃及推動經濟轉型，大力發展製造業，配合南移的工業家的資本及技術，製造業自此快速成長，成為推動香港經濟往後三十年蓬勃發展的引擎。天時、地利、人和，尤其是外圍環境的急速變化，促成及推動了香港工業化。香港自開埠以來一直是自由貿易港，跟世界經濟政治關係異常密切，城市的生存與成長由商貿所支撐及推動，養育了工商界對外部環境變化的敏銳觸覺及頑強適應力，因此容易因應世界政經環境的變化而作出快速的反應，對變化的適應是港商生存的天性。

六十年代的難民潮，對香港社會產生深遠的影響。一九五八年到六十年代，中國大陸毛澤東進行社會主義改革，超英趕美，推出大躍進運動、人民公社、集體化農場等政策，結果以失敗告終，造成全國大饑荒，估計有四千五百萬人餓死。大量飢餓的難民從廣東地區蜂擁逃到香港，人數估計超過十四萬。連綿不絕的難民跨過邊界湧至香港，對社會有很大的衝擊。經歷這次難民潮，香港人口到一九六二年底急速升至三百萬人，比十年前的二百萬人口增加了一半。一九六二年五月是難民湧入的高潮，史稱「五月難民潮」。為了阻止難民不斷湧進，港英政府在邊界築起圍欄，派軍隊駐守，開設了包括落馬洲、羅湖、沙頭角及文錦渡四個關卡，只准有入境簽證的人入境。但很多難民避開關卡，用海路偷渡來港，難民通常是在晚上游泳進入新界北部，在沿海地方上岸，設法潛進市區。

大饑荒後接着是六十年代中期出現的文化大革命，大量的非法移民多從海路偷渡來港。難民偷渡潮一直延續到七十年代上半段，估計一九七零年平均每日經警方堵截偷渡者九點四人，到一九七四年增加至五十四點三人。此股難民潮所帶來的人口劇增，對住屋、醫療、教育、福利、交通等都造成巨大壓力，另方面，難民潮同時帶來了大量的勞動力，為當時工業化提供足夠的勞工。一九七八年中國推行改革開放政策，持續有內地偷渡來港的大陸人，平均每天堵截的偷渡者是二十三人，一九七九年偷渡者被截獲的達二百四十六人。大陸來港者亦有通過合法移民的，總之，一九七六年起的五年間，共五十萬大陸人移民香港（Kwan, 2009；劉智鵬，2016）。

難民潮外，香港經濟六十年代持續穩步發展，七十年代進入高速增長期，港人充分就業，收入增加，生活改善，消費力增強，帶動了零售業、餐飲業及地產業的迅速發展。一九七三年，香港發生股災，第一次石油危機爆發，令經濟增長率大幅下滑，由一九七三年的百分之十二點五下挫到一九七五年的百分之二點八。一九七九年，第二次石油危機出現，對經濟造成一定的衝擊。製造業在七十年代開始放緩，服務業隨之逐漸興起，標示經濟開始再次轉型。七十年代後期，土地價格開始上漲，促成了房屋地產業興起。工業用地被改為住宅及商場用地。一九七八年中國推行改革開放政策，設立經濟特區，提供各種優惠，吸引港商投資珠江三角洲設廠生產，港商利用大陸的低廉工資、廣大土地，以及各種優惠，大量將工廠北移，香港製造業開始空洞化，卻推動了珠江三角洲地區的快速工業化，為當地人民提供大量的就業機會。

一 • 原文文字由筆者意譯，姓名均為音譯。文字是訪問時受訪者親口的回應的直接記錄，少有文字修飾。

02 早期商業

自十九世紀六十年代起，香港經濟社會環境開始發生巨大轉變。九龍半島的大量土地，大幅擴展了維多利亞城以外的居住區域，還發展為倉庫及船運的商用地區，方便來自世界各地的貨船停泊及貨物運輸，提升了貿易轉口港地位。其次，隨着華人人口的增加，華人社會日益成長及壯大。一八四一年全個港島的華人人口不足六千人，華人社會尚未成形，一八五一年人口雖然升至三萬人左右，但社會尚欠規模。到了一八六零年人口突破十萬，華人社會漸具規模，大量人口帶來的勞動力有利於商業貿易，並創造巨大的內需市場，推動商業經濟發展。華人外，歐洲商人攜帶資金及技術，在港開設洋行，在華經商貿易。英商更憑英殖民政府之助，取得優勢，在商貿上穩佔壟斷地位。早期到港的外國商人極為現實，富冒險精神，有賭徒心態，事實上，外商良莠不齊，不乏唯利是圖，投機倒把之輩，為了求財，不擇手段，急功近利，互相爭奪，弱肉強食，能生存及獲勝的是有真正實力的商人。（余繩武，劉存寬，1994；馮邦彥，1997；張麗，2000，2001；鄭宏泰，2014；鄭宏泰，黃紹倫，2014；Chan,

1991；Tsai, 1993）。

除了敢於冒險及逐利而來外，洋商擁有華商缺乏的優勢：

第一，洋商，尤其是英商與港英政府官員同文同種，彼此易於交通，關係密切，對政府施政具有影響力。洋商的意見受到政府重視，商人代表常被政府吸納進入權力中心，獲委任入行政局及立法局，協助政府決策及制定，因此洋商的利益通常會受到照顧。洋商深諳自由貿易對自身的好處，會經常游說官員推行有利商業營運的政策，包括精簡公司法規，低稅率，不干預市場運作及尊重私有產權等，有利於將香港打造成高度利商的社會。

第二，洋商善於團結，以保障本身利益。洋商之間雖然彼此競爭，但願意合作，組成商會，交換商業情報及互相輔助監察。洋商組成了香港會，之後改名為「香港總商會」，宗旨是保衞商業利益，蒐集商業情報，排除發展阻礙，仲裁內部糾紛等。香港總商會一直為洋商巨賈集中地，影響政府政策，由於實力雄厚，可以在政策上跟政府討價還價。

第三，洋商注重法律制度的建立，以保障私有財產。鴉片戰爭後，英國頒布公司法規範，本地公司仍按「無限債務」的規章運作，英資洋行其後努力爭取政府制定有限債務公司法，終於促成了立法局於一八六五年通過新公司法（《貿易公司及相關組織的成立規管與清盤條例》，簡稱《公司條例》），成為日後商業昌盛經濟成長的基石。在新公司法下成立的公司包括滙豐銀行、於仁船塢、粵港澳輪船、香港大酒店、華商保險和香港中華煤氣等企業。

第四，洋商懂得利用現代化金融制度，如股票市場籌集資金，以配合業務發展。鴉片戰爭後的中國社會百業待舉，開拓中國龐大市場需要大量資本，洋商仿效倫敦某些大型企業，公開發行公司股份集資，成功滙集足夠的資本，對華貿易自然得心應手，財源滾滾而來。香港自割讓給英國後，港英政府採取不干預政策，給商業極大的自由，吸引大量外商來港投資及從事貿易等商業活動，為香港商業興盛打下根基。一八四零年後，船隻出入港口及貨物承載數量的快速增加，清楚地展示香港經濟發展的活力。（鄭宏泰，2014；余繩武，劉存寬，1994；馮邦彥，1997）。

洋商雖然擁有上述優勢，但對華貿易需要熟悉華人語言文化的買辦作為仲介人協助，交易才能順暢。這群洋行買辦雖有華人，但大多數都是精通中英兩語的歐亞混血兒，入讀西式中央書院，彼此關係綿密，情同兄弟，十分團結，他們建立了龐大的人脈網絡，事業上互相支持，利益均沾。歐亞混血兒買辦最為成功的首推何東。二十世紀之後，洋買辦這個行業逐漸式微，但不少買辦卻能華麗轉身，脱離了外商的洋行，變成獨立的商人，利用累積的財富、經驗及人脈，建立自己的事業，順利地變為成功的富商及巨富。成功的例子包括曾任怡和洋行買辦的何東、何甘棠、前渣打銀行買辦容子名等。

洋商及買辦外，華商主要經營南北行及金山莊轉口貿易。南北行的華商業務是將南貨北輸或北貨南調，金山莊商人主要是經營香港與美洲及澳大利亞的貿易。南北行及金山莊的華商行號都集中在港島上環文咸街及永樂街一帶。華商行號都是家族企業，經營代客買賣貨物、滙兑、貨物寄賣，賒賬及借貸等業務，收取佣金，小本經營，營運賴族人鄉人資金及人力投入，客源與業務發展主要依靠族緣及鄉緣網絡。

根據《一九一五年香港中華商業交通人名指南錄》的紀錄，華商開設比較大型的商號，南北行的行號有八十四家，金山莊商號二百三十九家。南北行內的行號主要由潮州福建商人、廣州商人、山東商人經營，而以潮汕商人開設的行號佔有多數。廣州商人的行號主要代表是裕和隆行，公發源行、祐興隆行、廣茂泰行。代表潮州和福建商人的行號包括聚德隆行、厚得行、源發行、元發行、乾泰隆、榮豐隆行等，有名的潮商是乾泰隆陳煥榮及元發行的高滿華。山東幫的代表商號是義泰行，利源長行等。

到四十年代，南北行的業務穩健發展，是推動本港經濟的一大動力，行號的東主不少變成課税大戶，向政府繳納巨額的税款，為庫房大幅進賬，受到政府重視，地位愈加顯赫，華商精英被政府邀請聯合創辦東華醫院。東華醫院不單是首家專為華人提供醫療服務的西醫醫院，同時亦執行華人社區之社會及公益的任務，是華人社會的領頭組織，受華人的支持及信任。南北行的大商號東主，相繼成為東華醫院的總理、董事會主席及董事，變相成為華人社會的領袖。事實上，香港早期不少華商精英兼備富商及華人社會領袖的雙重身份，享有崇高的地位（Chan, 1991；Sinn, 2003；馮邦彥，1997）。

03 早期工業化

十九世紀下半期，香港出現的工業，主要是造船及修船業，都由歐商主導，如黃埔船塢及太古船塢。怡和洋行、鐵行輪船、德忌利士洋行在一八六三年聯合創辦黃埔船塢，之後先後與紅磡聯合船塢，大角咀之四海船塢合併，成為當時最大規模的船塢。太古洋行在一八八三年在鰂魚涌開設了太古船塢，兩家船塢都是製造業中最大的僱主，僱用接近一萬華人工人。此外，歐洲商人擁有及經營船廠、水泥廠、糖廠等，其餘的公用事業公司，如香港電車公司、電力公司、煤氣、電話公司都屬於洋商及由他們經營管理的（邢慕寰，金耀基，1985；張麗，2001；Hopkins, 1971, Wong, 1988）。

二十世紀初，香港的製造業開始萌芽，談不上什麼規模。歐商主要掌握了大規模資本集中的產業，包括造船、製糖、水泥，電子等。華人則在小型的手工業方面大有作為。自二十年代開始，創辦的工廠的都是華人。至三十年代，華資工廠由一九三三年的四百零三家增至一九三八年的八百二十九家，速度相當驚人。華商早期經營的產業

包括藤器家具、餅乾、煙草等手工業，其後擴展到電筒、電池、機器、銅鐵、玻璃、織造、皮革、印務等輕工業，其中以織造業最具規模，成為華資製造業的主導，為後來的工業化打下基礎。

五十年代，香港工業化正式啟動，除了上海工業家創辦的紡織工廠稍具規模外，其餘絕大部分都是俗稱「山寨廠」的小型工廠，兩者都是推動工業化的功臣（香港記憶B）。那時小型工廠如雨後春筍般大量地湧現，山寨廠主都以小資本經營，一些甚至動用少至數千元的資金，僱用員工數人到幾十人，就可以創業開廠，生產各種產品。很小工廠的員工大多是廠主的家庭成員，一家大小齊心協力，胼手胝足，艱苦經營。很多小工廠開設在市區內本來用作民居的唐樓內，廠房非常簡陋，租金便宜，面積狹小，靠着幾部簡單的機器或設備，從大型的工廠接回部分生產工序，生產各式各樣產品或零配件。一般而言，塑膠或五金製作的小廠由於要使用重型體積大的機器，通常在地下舖設廠，而製作成衣、燈籠或鐘錶配件的工廠則在樓上設廠。

除了市區外，山寨廠亦遍布山邊的寮屋區內，這些由鐵皮搭建成的廠房簡陋細小，沒有防火設備，火災風險極高，此外，小廠不停製造噪音及各種污染，衞生環境條件欠佳，對周邊寮屋住民的健康及衞生造成滋擾及威脅。不過，寮屋住民都是窮苦人家，很多是從大陸逃難過來的難民，但求有遮風擋雨之所，不會奢談什麼環境素質。事實上，當時香港大部分居民生活艱苦，社會貧窮人口很多。其後，為了安置這些山寨廠，政府興建了租金低廉的工業徙置區。一九五八年，政府在長沙灣等地區，蓋建了七層的H形的工業大廈，讓原本在唐樓或寮屋區的山寨廠陸續遷入。在香港早期工業化過程中，這些看不起眼的山寨廠其實是推動經濟的無名英雄，功不可沒。恒生銀行早期的客戶，不少是這些山寨廠廠主。

除了山寨廠外，香港華商在六十年代及七十年代亦開設較有規模的工廠，僱用大量勞工，利用低廉工資，降低生產成本，增加市場競爭力。出口美國、英國及歐洲的產品包括布匹、成衣、膠鞋、塑膠產品、玩具、鐘錶、電子零件、五金製品等，是香港工業奠基的功臣。這些大廠的生產鏈其實深入社會基層，有無數家庭參與其中。事實上，這些年代的香港家庭大部分都從事補助性工業勞動，扮演大廠的生產後勤大軍：大工廠將部分生產鏈層層外判，中型廠外判到小型廠，小廠最後外判到個別家庭，家庭成為了生產鏈的最後生產單位，家庭成員胼手胝足，替成衣廠、塑膠廠、膠鞋廠、假髮廠及禮品廠等做剪線頭、穿膠花、穿燈籠、黏膠鞋，修假髮的零工，賺取微薄的工資，幫補家計。很多嬰兒潮出生在基層家庭的子女，都會有這種難忘的經驗。換言之，香港工業化由於涉及了大量家庭的參與，可以說全民運動，生產具有高度社會化的特色。

六十年代，本港人口三百萬中一半是二十五歲以下的，是一個很年輕的人口結構，表示本地勞動力充裕，製造業不愁找不到工人。這批嬰兒期世代，在工業化中是有一定的功勞的。由上海南來的企業家主導的紡織業，是社會經濟發展成功的主力，紡織廠直接及間接僱用員工約六十二萬五千。到一九六八年，僱用少於一百員工的中小企業包辦了超過四成出口英國的產品，是一股不容低估的力量。

六十及七十年代，香港快速發展新興工業區及拓建新市填。戰後本港人口激增，土地不敷使用，市區地價昂貴，全港又缺工業用地，令工業發展出現樽頸。為了解決土地不足，政府在一九五三年推出填海工程，創造了三百萬平方呎土地，開發了觀塘及荃灣兩個工業區及新市鎮，將居住、工廠用地及勞工供應問題一併解決。新工業區租金便宜，且毗鄰新市鎮的廉租屋或公共屋邨，住民為工廠提供大量的勞動力，一舉兩得。觀塘和荃灣是最新落成的新市鎮，跟着屯門及沙田的新市鎮相繼出現。

新市鎮外，政府在市區邊緣地帶亦開闢工業區，六十年代開始先後成立的工業區包括長沙灣、大角咀、新蒲崗、筲箕灣、柴灣等，安置了大量中小型工廠。這些地區成為生產的聚落，分別集中生產不同的產品。例如，新蒲崗大有街為中心的工廠區主要開設了製衣廠、紗廠和漂染廠、其後又發展成電子產品及塑膠產品的生產聚落。面對大有街的一座外牆有一個紅底白色「A」大字的工廠大廈，是昔日赫赫有名生產塑膠產品的星光實業廠房。六十年代香港出現嚴重水旱，全市缺水，政府管制食水供應，實施分區供水，四天一次，每次四小時。制水期間，居民需要大量蓄水容器，當時星光在短期內開動生產線，生產大量的塑膠水桶及藍色的儲水軟膠袋，滿足市民儲水之需。膠水袋張開時容量如大水桶般大，便於儲水，且價錢便宜，市民紛紛搶購，星光的生意興隆，而紅A的其他塑膠產品亦因此走紅，廣受市民歡迎，家家戶戶都有紅A產品，星光的品牌深入民間可想而知（寶兒，2015）。

當年集中在雙喜街一帶是製衣廠。長江製衣廠是該區的大廠，僱用了大量的年輕車衣女工（蔡寶瓊，2008）。不少未到合法工作年齡的女孩子為了想進入工廠，不惜借用別人的身份證充當合齡工人。工人工作時間從早上八時半至晚上六時，上下班時間區內都擠滿了年輕的女工。車衣是當時的熱門行業，女工的工資以件計算，件數愈多，收入愈多，通常是每十二件（一打）可收一元（不同的成衣部分的縫製難易不同，因此工資不同），手快的女工一小時可以做百多件，就可賺到十多元，收入算不錯。訂單多時要加班，每小時五元。新蒲崗外，長沙灣的青山道一帶也是成衣生產的聚落，麗新製衣廠是區內大廠，僱用大量的工人，產品外銷英美德和加拿大。麗新創辦人是潮商林百欣，原在汕頭銀行任事，一九四五年移民香港，做成衣推銷，其後在深水埗元州街開設織造廠，一九五零年創辦麗新製衣廠，規模很小，設在基隆街，製造恤衫，出口東南亞。

——製衣女工的大半生——

一篇題為〈潔姐的故事〉的文章，記錄了一名製衣女工的半生的職涯。潔姐在十一歲為了幫補家計到工廠當童工，她的職業生涯可以具體地反映香港六十年七十年代眾多基層勞動者的生存狀況，同時折射當時社會背景。從以下摘引的內容，可透視當時製造業的實況（梁德輝，2016）：

「六十年代初……潔姐第一份工作是由同住在石硤尾木屋區的鄰居介紹，到一間位於青山道的大廠當雜工，學習一些簡單工序，負責清潔、包裝、剪線頭、反衣領及燙衣服等工作……工廠很大，一條很長的生產線，橫跨有兩層樓，整條生產線細分許多工序……一家七口便是依靠她賺來的錢來過活，生活非常困難。故潔姐的媽媽除了照顧病重的丈夫及年幼的女兒們，還得到附近的山寨廠取貨，在家穿膠珠來增加家庭收入。

潔姐當了兩至三年雜工，便……到塘尾道另一山寨廠做正式車衣女工……山寨廠的地方細小，工廠門牌都沒有，老闆一家都住在工廠內，員工很少，連老闆、管工都只是得幾個人……人事不太複雜，有很濃的人情味。每當需要加班的時候，老闆也會預備食物，與員工一同工作，一同吃飯，很有家的感覺。此外，她表示山寨廠薪水較大廠多一些，但糧期不準；而大廠的糧期準，但薪水沒那麼多。山寨廠都是接大廠的訂單，故發薪水的時間遲一點。這種便是香港獨有的『多重外判網』……

到七十年代，潔姐與家人搬到秀茂坪公屋居住，生活也有所改善。她當時到觀塘及新蒲崗不同的工廠工作，有時會一日到兩間工廠工作。她表示那年代是香港工業的盛世，訂單多如飄雪，經常趕貨趕船期……加班情況極為普遍……工人都很願意加班……車衣女工是打『自己工』，『車幾多、賺幾多』，薪金以件數來計算……恤衫每打幾毫至一元左右，一個月有四百元以上，高峰期可達一千元。此外，每間廠通常都有勤工獎制度……

……『工廠妹』都喜歡看陳寶珠的電影……陳寶珠也是她的偶像……

潔姐在製衣業高峰期，曾經一天要到兩間工廠工作，其中一間大廠是香港自家品牌鱷魚恤，除了鱷魚恤，在香港工業蓬勃發展下，孕育了不少家喻户曉的香港品牌，例如……紅A牌塑膠製品、雞仔嘜羊毛內衣等等。」

——工人的工資及開支——

了解老百姓的收入及開支，有助反映他們的生活及他們所處社會的實情。一些香港史的作者（Endacott, 1973，Tsai, 1993）都有提及華人工人的工資。十九世紀末，苦力月薪約七至八元，打零工的苦力每月收入僅得二元五毛錢。按政府的規定，一九零一年工人的平均工資如下：華人家庭的傭人：一到四元／月（含食宿），洋人家庭傭人：四到十五元／月；手藝工人／華工：三到六元／月；鐵匠和鉗工：三毛錢到一元五毛錢／日；木匠和細木工人：二毛錢到七十五分錢／日（含食宿）；石匠和砌磚工人：二毛錢到五毛錢／日（含食宿）；一般勞工：二毛錢到一元／日（張麗，2000, 2001）。

根據一九三五年香港政府房屋委員會的調查資料，熟練工人的月薪在三十元到七十元，非熟練工人則十五到二十四元，家庭工廠的工人月薪是六至二十四元。工人的所得能否支付生活開支？第一次大戰後，香港物價上漲，大米、生活必需品、房租都漲價，一九一四年至一九二二年間，大米價格升了百分之一百五十五。按當時的物價計算，一九二零年每人每月最低生活費約十三元。一家四口的月支出是五十多元。一般勞工的平均日薪不足一元，收入不足支付一家的生活費，淪為貧窮戶，更慘的是，很多工人在淡季中經常失業，生活困苦不言而喻（Chan, 1991）。

政府自一九三一年起蒐集勞工薪酬和生活開支的資料。三十年代，非技術性工人的每月工資是十五至五十元，用在衣、食、住的開支出是十至十二元；非技術勞工夫妻的每月合計工資二十五元，生活支出是十七至二十元。香港不少工人的生活清苦，某些行業的工資不合理的偏低（香港記憶：工資及生活費用）。如上文言，三十年代末，香港政府制定首份勞工生活開支的報告（Butters, 1939），由勞工事務主任主持訪問了包括小販、苦力、外勤人員、工廠工人、銷售員、船塢工人、店員、家傭、白領僱員、農夫和漁民等不同行業人士。調查發現，工人大多是祖籍粵省各地的移民。工人居所面積狹小，居所包括床位、閣樓和板間房（像今天的劏房），由於居住空間不夠，通常一個家庭的不同成員分別住在不同的居所。那些工人每日工作十至十三小時，每月工資由二元至四十五元不等。大部分女工屬於非技術的件工，每日賺取二毛錢至一元。司機、木匠、泥水匠、銅匠、鍋爐匠等技術男工的日薪是八毛錢至一元八毛錢。某些男工屬於長工，月薪數十元至逾百元不等，食宿則由僱主免費提供。月平均生活開支方面，食物五元四毛錢到六元，房租三元/床位，衣服一元，雜項二元。一般計算，每人每月最低的生活消費九元（不含租床），十二元（含租床）。

五十年代的工人每月工資比三十年代有所提升，非技術性工的工資較低，地盤工人是六十元，五金工人五十四元，玩具店店員六十元，女傭人三十五元。技術性工人的工資比較高，技工二百三十元至二百七十元，教師二百元。月開支方面，板間房月租三十元，徙置區屋租三十元。六十年代後期，香港的家庭平均所得偏低，勞工階級大多是貧窮戶，民眾工資物價的一些抽樣如下：報章印刷技工收入二百七十元，電子廠女工二百二十五元，中學教師三百二十五元；食物方面，雲吞麵五毛錢，高中學費四十元（當時還未推行免費教育），大牌檔叉燒飯一元二毛錢，結婚酒席一桌一百二十元。六十年代的平民生活狀況，若與戰前的工資物價比較，算是有所改善，反映社會發展。到七十年代，香港經濟持續發展，工人平均工資：男七百至一千元；女四百至六百五十元。技術勞工及專業人士的工資比一般勞工更為優厚（香港記憶A；HK by-census 1976）。

香港開埠初，第一家成立的外資銀行名為「東藩匯理銀行」（The Oriental Bank Corporation），早期業務是鴉片押滙，銀行於一八四五年在中環德忌笠街開設分行，一開業即發鈔，到一八五一年才獲得皇家特許狀，合法地發鈔。隨後的二十年，東藩匯理銀行一直扮演香港首要銀行的角色。一八六六年英國及印度出現金融危機，導致六家在港銀行倒閉，東藩匯理銀行於一八八四年結業。一八五七年，香港成立第二家發鈔銀行，名為「印度倫敦中國三處匯理銀行」，即是香港有利銀行（Mercantile Bank of India, London and China）。一九五九年，有利銀行被滙豐銀行收購。成立於一八五九年的渣打銀行，是第三家發鈔銀行。那時香港人口有七萬四千多人。渣打成立三年後，於一八六二年在香港發鈔。當時警員每月薪水由三元到六元，經過半個世紀，渣打已發展成跨國銀行。一九六九年，標準銀行和渣打銀行合併成立標準渣打銀行。渣打總部雖設在倫敦，一直以來，英國甚至歐洲的業務只佔全部業務的小部分，主要業務來自香港、印度等亞洲非洲新興市場。一八六五年，英商創辦了滙豐銀

行，成為首家將總部設在香港的外資銀行，一八六七年太古洋行成立（馮邦彥，1997, 2012；區慕彰、羅文華，2011）。

二十世紀初，華人資本開始在香港創辦銀行。一九一二年，美國華僑創辦了廣東銀行，是首家創立的華資銀行。其後，華資銀行紛紛成立，一九一四年大有銀行啟業，一九一八年，工商及亞洲銀行、華商積儲銀行（其後易名為華商銀行）創立，東亞銀行成立於一九一九年，廣東銀行是在一九三一年創辦的。隨後成立的銀行包括中華匯理銀行、國民商業銀行、東亞銀行、大東銀行、嘉華銀行、永安銀行、廣東信託銀行等。香港淪陷期間，本港三家發鈔銀行包括滙豐、渣打、有利都被橫濱正金銀行及台灣銀行接管。

早期華資銀行中，由九名創辦人共同創立的東亞銀行實力雄厚，人才鼎盛（Sinn, 1994）。創辦人李冠春及李子方兩兄弟，開設銀行是實現父親李石朋遺志。其餘的共同創辦人包括不同銀行的東主共九人。一九一九年，東亞銀行在中環開業，創辦人及領導層人才濟濟，地位顯赫，不少都是金融業專才且有政經豐富人脈。董事簡東浦出生銀行世家，曾就讀皇仁書院，其後到日本留學。另一創辦人周壽臣是晚清政要，亦是香港早期政界名人。周氏是清政府派美留學第三批學童，由於成績優秀進入哥倫比亞大學，當時國內政治局勢急遽變化，被迫中斷學業回國。周曾任袁世凱幕僚、招商局總辦、鐵路總辦、大清國外交部大臣等要職，以及擔任多間外資商業機構董事。一九二五年到一九二九年，周壽臣擔任東亞銀行董事局主席。

東亞銀行其餘董事都是包括米行、紡織、金屬、航運、煙草、房地產等行業的領頭人。東亞創業時，周壽臣亦是香港立法局非官守議員及行政局議員。東亞九位創辦人係永久董事，其後商人馮平山、簡照南等五人亦加入東亞成為永久董事。東亞銀行除了雄厚資本同優秀人才外，亦取得華資南北行、金山莊以及銀號等認股支持，基礎相當堅固。由於實力深厚，東亞開業後發展神速。二十年代末期，東亞銀行的代理已遍及天津、北京、漢口、東京、橫濱、神戶、長崎、臺北、馬尼拉、墨爾本、悉尼、倫敦、巴黎、紐約、西雅圖、三藩市及檀香山，形成一個很龐大的國際性商業網絡。一九二四年不少華資銀行倒閉，大量存款從華資銀行流向外資銀行，東亞銀行亦難幸免。一九四一年，太平洋戰爭爆發，香港淪陷，東亞銀行被日軍接管，經歷了三年零八個月艱苦歲月。戰後，東亞銀行復業，簡東浦去世後其子簡悅強任主席，馮平山之子馮秉芬任總經理，東亞現任主席李國寶係第三代繼承人（先有祖父李冠春，後有父親李福樹），由於李氏家族持股量不大，被國浩集團覬覦。繼東亞銀行後，陸續創辦的華資銀行包括：國民商業儲蓄銀行、嘉華銀行、康年銀行、香港興業銀行等。

恒生銀號
HANG SENG BANK

05 銀號到銀行

華資銀行未出現前，銀號是華人的金融機構。十九世紀末，本港銀號約有二十八家，創辦人絕大部分是廣東商人，包括南海人、順德人及四邑人（姚啟勛，1940）[註二]。二十世紀的二十及三十年代，更有多家華資銀號紛紛成立，包括道亨、恒生、永隆、大生、永亨、恒隆等，其後成立的華資銀號包括廖創興、遠東、有餘、大新、華人、香港工商、友聯等，這些銀號後來不少演變為銀行。

二戰結束後，香港金融秩序恢復，本地銀號包括恒生、東海、東亞、永安、道亨、永亨、永隆、永泰等，華資銀行及外資銀行重新開業。至此，香港金融市場逐漸活躍，華資銀行及銀號開始跟外資銀行、中資銀行彼此競爭。接着的國共內戰期間，大批資金湧入香港，導致銀行大量湧現。一九四八年香港頒布銀行法例，首次發牌的銀行有一百四十三家，到一九五四年只剩下九十四家。

二十世紀五十年代開始，香港經濟結構開始轉型，製造業開始興盛，金融業隨着經濟轉型而有很大發展，由靠貿易兑換同融資轉為投資製造業及房地產貸款。隨着香港工業起飛，一九四九年到六十年代先後出現一些新創銀行：大新、中國聯合、浙江第一、華人、海外信託、華僑商業等。這時，有大批傳統銀號，包括永隆、恒生、大新、永亨、大有等藉此機會紛紛轉為銀行。工業化令市民收入提高，有剩餘資金儲蓄，為了吸引更多儲蓄客戶，中小型銀行各自擴展分行，增加市場滲透率。一九六三年有些銀行三個月定期存款利息高達百分之七點五，對照之下，外資大銀行利息只有百分之四。香港銀行總存款由一九五四年的十點六八億增加到一九七二年的二百四十六點一三億，十八年間增長了二十二倍，增長速度實在驚人！

一九五八年，華資銀行已經吸納一半本地用戶存款，一九六四年的比重雖稍有下降，但仍然佔有四成，其中恒生銀行及東亞銀行的客戶存款量最多。銀行的信貸增長亦相當快速，由一九五四年的五點一億增至一九七二年的一百七十七點二六億。當時向外資大銀行借貸，必須有相當擔保及推薦人，一般小市民及中小型廠商往往無法借錢，因此多求助於恒生銀行、東亞銀行以及其他中小型華資銀行借款。當時銀行貸款主要客戶是紡織、鞋類、服裝、金屬製品、工程、塑膠、橡膠、化工等製造業業者。一些本地銀行經常以較高息給存款戶，為爭取高回報，貸款利息亦會比其他外資銀行高出很多。此外，這些銀行也以較寬鬆條件放貸給房地產業和股票市場，造成流動性不足，承擔了較大的風險，是六十年代發生的銀行擠提事件原因之一。恒生銀行一向以穩健可靠著稱，吸引不少的存款客戶，然而亦無法避開這次金融風暴，受到持續不斷的擠提巨大衝擊，導致被滙豐銀行收購（詳見上章，不贅）。

六十年代香港金融界流行兼併，香港好幾家華資銀行被收購。除了恒生銀行外，被收購的有永隆銀行及道亨銀行。永隆銀行由伍宜孫在一九三三年創辦，渣打銀行曾經入股，新加坡發展銀行其後入股，二零零八年中資銀行招商銀行先後收購該行五十三點一二的股份，最後於二零零九年全面收購該行。一九二一年創辦的道亨銀號轉型為銀行後，於七十年代被英資建利銀行收購，後來被國浩集團收購，二零零一年四月又被納入DBS。馮堯敬一九三七年在廣州創立永亨銀號，創立之初經營金銀找換，一九四五年銀號落腳香港，一九六零年升格為銀行，二零一四年四月被新加坡資金的華僑銀行收購。

恒生銀號創辦於三十年代，六十年代升格為銀行後穩步發展，恒生銀行三十餘年間的發展與香港社會經濟的發展緊密相連，從永樂街銀號開始，到中環總行期間，銀行都跟基層社會建立密切的關係，深得客戶的支持及信任。恒生的商務客戶大部分是中小型華資企業主，小店舖東主，一般客戶則包括同鄉族人、流動小商販、小市民、藍領工人、白領上班族、學生、家庭主婦。從客戶的構成就可察覺到銀行的本土性及草根性，街坊性格十分明確。恒生銀行的創辦人因應經濟社會變化，用價值打造及推行公司文化，讓銀行呈現鮮明的街坊色彩。

二 • 《香港金融》，出版者不詳，轉引自張麗，2000，三四六頁。

第七章

恒生文化與中華商道

不同國家的公司文化之間究竟存在哪些異同？是否有一個分析架構讓大家了解不同文化的企業的一些基本性質，以協助回答這個問題？有幸的是，四十年前荷蘭學者霍夫斯塔德（霍氏，下同）（Hofstede, 1980; 1991）制定及更新了這樣的架構，不單適用於公司文化的跨國比較，對個別文化區內的企業亦甚具洞悉力[註一]。由於霍氏架構是建基在大量的經驗數據之上，是一個典型的社會科學架構，而不是純理論的構思，利用霍氏架構因此可為大家提供一個社會科學的角度來觀察及分析公司文化[註二]。

簡單而言，霍氏的分析架構從最初提出以來，經歷過增修，將原來架構的四個構成元素，擴展成最新版本的六個元素(Hofstede, et. al., 2010)，用以測量或展示公司文化的特性或面向。

一・對公司文化的分析可有不同的架構，然霍氏的架構建基於龐大的樣本之上，且有多次的測檢，因此研究員及學者經常採用。

二・本章的資料部分來自（Ip, 1999, 2000, 2009；葉保強，2019）。

這六個元素包括了權力距離（power distance）、個體主義或集體主義（individualism/collectivism）、剛性或柔性（masculinity/femininity），迴避不確定性（uncertainty avoidance），長線取向（long term orientation）、放縱（indulgence）。在一般的分析中，論者多採用首四個元素。霍氏架構之最新版稱為「文化方向盤」（Culture compass）[註三]。六個元素的內涵如下：

——權力距離——

權力距離是指社會上無權或權力少的一群人與有權或權力大的人之間的距離。依霍氏的見解，社會中權力弱的一群怎樣期望及接受社會權力的不平等分配，可以反映出該社會的權力距離的大小。在權力距離不大的社會，人民之間權力的不平等分配比較小，社會的權力分配比較分散，特權與地位象徵比較不明顯；在公司或機構內，上

級經常會徵詢下級的意見。相比之下，權力距離大的社會的權力分配不平等較大，但這種不平等會被視為理所當然，社會上無權的大多數非常依賴擁有權力的少數，權力的集中被視為正常的，機構或公司的上下級之間的權力、薪酬、特權、地位都有顯著的差異。霍氏發現，在權力距離大的國家如印尼、菲律賓等，人們重視的價值包括了地位、服從、控制。

——個人主義、集體主義——

個人主義或集體主義主要是用來描述社會成員的個人獨立性的程度及社會的團結性。在個人主義強的社會，個人與個人之間的關係是鬆散的，每個人都要自己照顧自己及家人。受僱的人是憑個人的才能或公司的規則而被任用或擢升。在集體主義強的社會，個人要對所屬的團體忠心，而團體給予個人各種支持與照顧，作為一種交換。人是否受僱於組織或在組織內是否被擢升，就視乎該人與組織的關係，組織像對待家人般對待員工。眾所周知，美國、加拿大、澳洲、紐西蘭、英國及荷蘭是個人主義比較強的國家；危地馬拉、委內瑞拉、巴拿馬、印尼、厄瓜多爾，哥倫比亞屬集體主義強的國家。霍氏認為所有富有的國家或地區（除了香港及新加坡）都是個人主義比較濃的國家，而絕大部分的貧窮國家都是集體主義強的國家。依霍氏，個人主義比較強的國家如英國，人們重視的價值包括了競爭及獨立。個人主義與集體主義是兩個相反的觀念，一個社會的個人主義愈強即表示其集體主義愈弱；而集體主義愈強的社會則表示其個體主義愈弱。

剛性、柔性

剛性與柔性主要是指社會內的性別角色是否清楚地區分出來。剛性社會經常是以男性為主的社會，兩性角色是很清楚區分開來的，男性要事事做主導，硬朗及愛物質成就，而女性則要內斂，溫順及關心生活質素。公司內，管理階層要有剛性的表現，有決斷力，熱衷主導，愛好競爭，重視工作表現，以衝突來解決分歧，人生價值是：工作就是一切，是其人生的價值。相比之下，柔性社會是充分表現女性特性的社會，兩性角色多重疊，無論男女都內斂、溫順、關心生活質素；公司經理尋求共識，重視平等、同舟共濟、工作質素，以妥協與協商來解決紛爭，人生價值是：為生活而工作。剛性與柔性是相反的觀念。社會的剛性愈強即代表其柔性愈弱；而柔弱愈強則反映其剛性愈弱。

迴避不確定性

迴避不確定性是指社會成員對待不確定性情況的態度，或對其一無所知的情況所感受到的威脅程度。在低度迴避不確定性的社會裏，成員對不確定性事物的容忍很大，對「出軌」及有創意的想法習以為常，不會視為不妥；成員工作的動力來自成就感、自尊及歸屬感，在有需要時才努力工作，工作準時及做事精確是學回來的。相比之下，高度迴避不確定性的社會成員經常恐懼不確定性及不熟悉的事物，視時間如金錢，情緒上覺得要忙碌，做事精確及準時是天生而不是學來的，成員抗拒創新，工作的動力來自安全、自尊及歸屬感。根據霍氏的研究，西德在這方面得分很高，表示傾向迴避不確定性情況，人們支持的價值是法治、秩序及做事清楚。

長線取向

長線取向是指社會的主導生命取向是長線的。長線取向的價值包括刻苦耐勞、奮戰到底；社會秩序建基在地位之上，人們要遵守秩序、節儉、有羞恥心。短線取向所包含的價值是：個人安穩、保護「面子」、尊重傳統、禮尚往來。長線取向的價值比較未來取向，他們比較動態的；相比之下，短線取向較重過去及現在，比較靜態（Hofstede 1991: 165-166）。依霍氏，中國大陸、香港、台灣、日本、南韓及巴西是長線取向的，而巴基斯坦、加拿大、美國、英國、菲律賓是短線取向的。

放縱

放縱是指人們從小到大被教育對慾望及衝動的控制程度。相對地弱的控制稱為「放縱」，相對強的控制稱為「約束」。不同的文化可以分別用這兩個觀念來描述。分數低的地方表示約束性高，人民盡量壓抑慾望；分數高的地方表示人民對慾望有比較正面的態度，追求慾望的滿足。中國大陸分數是二十四，代表是約束性社會（restrained society），有凡事向壞處想，悲觀的傾向；不重視休閒時間，對慾望的滿足加以控制，人們感到社會規範約束了行為，感到放縱本身是不太對的。

三．首四組元素是一九八零年提出的，第五個元素長線取向是一九九一年添加的，原來的名稱是儒家動力（Confucian dynamics），放縱（indulgence）是最新加上的（Hofstede, et. al. 2010）。最新版本刊登在 Hofstede Insights 的官網上。https://www.hofstede-insights.com/product/compare-countries/. 二零一九年一月二十六日下載。

02 華人公司文化比較

大中華地區有共同的中華文化，但仍展示明顯的差異，採用文化方向盤做測量工具，下表展示了中台港三地的公司文化特性的測量結果。

表七之一的六個向度評分的涵義，以中國大陸的評分作說明。中國大陸的權力距離得八十高分數，代表社會大眾認為不平等是可以接受的。另外，上級下級的關係傾向兩極化，對上級的權力濫用是無法防禦的。個人受到正式的權威及制約所影響，但一般是對人能領導及採取主動感到樂觀。人們不要有越級的願望。在個人主義方面得二十分，表示中國是高度集體主義社會。人們為集體利益行事，但集體利益不一定是自己的利益。自己人的考慮影響招募及擢升，愈親近的成員（如家人）則獲得優先照顧，員工對組織的承擔低（但不表示對組織內的個別人物的承擔低），自己人團體的關係是合作的，但對外人則是冷漠甚至是敵意的。

表七之一：大中華地區公司文化比較

	中國大陸	台灣	香港
權力距離（power distance）	80	58	68
個人主義（individualism）	20	25	17
剛性（masculinity）	66	57	45
迴避不確定性（uncertainty avoidance）	30	29	69
長線取向（long term orientation）	87	61	93
放縱（indulgence）	24	17	49

來源：Hofstede Insights. https://www.hofstede-insights.com/product/compare-countries/. Accessed 2019.01.26

剛性分數若是高表示社會由競爭推動，成就及成功推動，而成功是指勝利者或領域中最好的，這個價值自學校開始到組織都保持不變。剛性社會裏，推動人們的動力來自要做到最好的。柔性表示社會的主流價值是照顧他人及注重生活品質。柔性社會內生活質素是成功的符號，而在群眾中突出自己並不是值得羨慕的。柔性社會推動人們熱愛自己所做的事。中國大陸剛性分數是六十六高分，代表社會成功推動人們行為，對犧牲家庭生活或休閒活動在所不惜。學生最關心是取得高的考試分數，排名是成功的主要指標。迴避不確定性方面的得分是三十，這項低分表示中國大陸人對不確定性處之泰然，生活務實（pragmatic）；因時因地彈性地守法循規。中國大陸人適應力強，富企業精神。

長線取向方面，中國大陸分數是八十，代表非常務實。人們相信真理是因情況、脈絡或時間而不同的。人們因應環境變化而改變傳統，為了達到目的，有很強的傾向投資、節約及堅忍。放縱（indulgence）是新的指標，意指人們從小到大被教育對慾望及衝動的控制程度。相對地弱的控制稱為「放縱」，相對強的控制稱為「約束」。文化可以分別來描述。放縱方面，中國大陸所得的分數是二十四，代表是約束性社會（restrained society），有凡事向壞處想，悲觀的傾向，不重視休閒時間，對慾望的滿足加以控制，人們感到社會規範約束了行為，感到放縱本身是不太對的。

在權力距離方面，中國大陸分數最高，比排名第二位的香港高出二點，比台灣多二十二點，表示台灣在三地中權力距離最短。中國大陸、台灣的集體主義接近，香港的集體主義比中台更強。剛性方面，中國大陸最為剛性，其次是台灣，最後是香港。迴避不確定性向度上，中台幾乎相同，但香港則與兩者有很大的差異，表示香港人對不明確性有很大的焦慮。長線取向方面，三地的差異性很大，香港分數最多，比台灣分數多出二十二點。在放縱這點上，差異亦相當明顯，香港分數（四十九分）亦是最高，比台灣分數多出三十二點，比中國大陸多十五點！總的來說，大中華地區三地在六個向度上都呈現不同程度的差異。當然，各地的政治制度、發展階段、歷史傳統、經濟制度、社會結構、教育體制等，都是導致這些差異的原因。

華人文化跟英美文化有很大的不同，無論在權力距離、個人主義迴避不確定性、長線取向及放縱方面都有明顯的差異。表七之二是將大中華三地跟美國作文化的比較，凸顯東西社會之不同。

55
中醫
陳伯源

表七之二：大中華地區公司文化與美國公司文化比較

	中國大陸	台灣	香港	美國
權力距離（power distance）	80	58	68	40
個人主義（individualism）	20	25	17	91
剛性（masculinity）	66	57	45	62
迴避不確定性（uncertainty avoidance）	30	29	69	46
長線取向（long term orientation）	87	61	93	26
放縱（indulgence）	24	17	49	68

來源：Hofstede Insights. https://www.hofstede-insights.com/product/compare-countries. Accessed 2019.01.26

03 中華文化特質

中華文化的三大組成部分是儒教（儒家）、道教、佛教。自漢唐以來，儒道佛三教經歷長期的互動、激盪、互學、共存、融合、演化，形成以儒教為主道教佛教為輔的混合文化，塑造中華文化的政治、經濟、社會、心理、人格等領域。今天，華人政治、華人社會，華人性格，華人行為、信念、價值，通通都充溢着濃厚的中華文化內涵，特別是以儒教為主導的文化特質。探討中華文化的組織文化，儒教文化基本上可充當中華文化的代表（proxy）。這裏所謂的中華文化，是指以儒教為主的中華文化。下面探討中華文化特質，及受中華文化塑造的組織文化的特色。

以儒教為主導的中華文化是以德治為主軸，刑治為輔的文化體。德治主要元素來自儒教，混合了道教及佛教的教義，刑治的元素來源是韓非、商鞅、慎到等法家思想，刑治並非西方的以公正、人權、規範為本的法治，而是以刑法治國之術。法家認為君主以刑法懲罰來治理百姓，令百姓對君主心存畏懼，不敢造反，刑法是君主控制

人民之工具，但是，君主在法律之上，法律之外，不受法律約束。刑治如是，由孔孟創立的德治傳統亦難與帝制（imperial institution）清楚切割，德治亦是在君主專制下而形成及發展的思想，同樣沾滿帝制的氣味。君主治民除了刑法外，還要用道德倫理，以治理人心，令其臣服，唯君是從。刑法是硬法，以威嚇、懲罰、控制為目的，使人民守法循規；德治是軟法，以道德誘導人心，令百姓忠君尊上。刑德兼用，軟硬兼施，成就了二千多年穩定持續的中華帝國及中華文化，以及深植於社會的帝制元素（imperial elements），包括尊上、忠君、集中、定於一、一統、一尊、唯上、尊尊、親親、長長、老老、等級、身份、集體主義、權力差距、威權主義、家長主義、父權主義等。值得強調的是，儒教的尊尊親親原則可說是人倫關係的大法，尊尊奠定了君子至尊的地位，親親確定了家族的無上威嚴，事君以忠，事親以孝，是人的一生最重要的兩大責任。忠君的實踐，成就了二千年持續的君主專制，教親的奉行，造就了中華家族延續不衰的傳統。孔子對孝給予比忠更高的道德地位，尊之為「仁之本」，足見儒教對家族的重視，祖宗崇拜代替神靈的崇拜，順理成章成了中華文化中的世俗宗教。無論如何，德治及刑治都是專制君主治民治國的工具，是帝制的文化產物。

中華文化中的道教及佛教元素，亦廣泛滲透到社會及生活的層面，影響統治階層及平民百姓的思想行為、人格特質。例如，道家的價值如以柔制剛、大智若愚、上善若水、無為而治、無為而無不為，虛懷若谷、道法自然、反璞歸真等，都是人們的待人接物，修心養性的方向盤。佛門智慧如清心寡慾、去貪、去嗔、去癡、去慢、善行福報、苦海無邊，回頭是岸、放下屠刀，立地成佛、大悲無淚、大悟無言、大笑無聲、色即是空，空即是色、一切皆空、一花一世界，一葉一如來、一切眾生，處處成佛等，以及佛門戒律，不知成了多少人安身立命的明燈，指導人們思想行為。從古到今，華人的思想行為流露着不同比重的三教元素，儒家信徒中有道或佛的氣息，道教徒或佛教徒的行為亦不難尋獲儒教的元素。

三教混成的中華文化是在君主專制下形成、發展與鞏固的意識形態，同時亦為帝制提供正當性的支持。中華文化是帝制下的產物，通體充斥着帝制元素。然而，不少對傳統文化發懷古幽情的學者，卻有意無意地將中華文化去脈絡化，抽離或刷掉其帝制元素，製造一幅偏離事實一廂情願的扭曲圖像，既不科學亦不客觀。避免這種抽離洗刷歷史不當方法，應將中華文化置於適當的歷史脈絡下，才能客觀還原其真相。

德治

中華文化是歷史厚重的產物，裏面累積了層層的元素，若取其最大的概括，是德治為主刑治為輔的文化，直接對應於中華帝國的陽儒陰法（外儒內法）的治理格局。儒教的主導精神是德治，中華文化可概括為德治文化，包括儒家的基本構成元素，包括仁、義、禮、美德、人本等哲學理念，組織文化是這些理念在組織上的落實，經常在聲稱尊崇中華文化的公司之中可以發現。下面先論中華德治文化的基本元素。

儒教德治文化內涵仁、義、禮三個核心元素。仁、義、禮是道德的來源，也是超級德性（美德），亦是規範人們思想行為的對錯、是非、善惡之基本原則（Ip, 1996），有必要扼要闡釋它們的基本涵義。

仁

仁基本上是人的道德能量，能量的行使產生仁的行為。仁是愛人的能力，行使這個能力表現為愛人的行為。孔子在《論語》對「仁」這個字的各種不同的表述，分別代表了仁的各個面向及性質：首次，仁表現為「己所不欲，勿施於人。」這稱為人類道德行為的黃金定律，是各大文化或宗教所共有的行為準則。其次，「夫仁者，己欲立而立人，己欲達而達人。」（「雍也」）意思是，仁的實踐是成就自己的道德的同時，亦成就他人的道德；道德的實踐不單為了自己，同時必須及人。孔子一生遵守仁道，稱他一以貫之的道為忠恕之道，故仁亦表現為忠恕。按宋儒的詮釋，忠指己欲立而立人，己欲達而達人；恕是己所不欲，勿施於人。如上言，儒家的恕道基本上跟黃金定律的內涵一致，但忠恕之道則要求個人道德實踐跟其他人的道德實踐連結在一起，在完成自我的道德發展中完成他人的道德發展，因此比黃金定律有更積極之一面。

忠恕之道是儒教待人處事的基本原則。除忠恕外，中庸之道也是待人應物的基本原則。《禮記．中庸》對「中庸」的闡釋：「執其兩端，用其中於民。」朱子在《四書集注》則解釋為：「中者，不偏不倚，無過不及之名；庸，平常也。」儒教主張處事重平衡、求折衷、不走極端，所謂「執兩端，用其中」。孔子崇尚中庸之道：「中庸之為德，其至矣乎！民鮮久矣。」（「雍也」）能按中庸之道做事待人，是德行高尚的人。

仁既是道德源頭，仁會表現為不同的德性，包括恭、寬、信、敏、惠。論語中有言，「子張問仁於孔子。孔子曰：能行五者於天下，為仁矣。請問之。曰：恭、寬、信、敏、惠。」（「陽貨」）。各種德性中，孝弟是仁的基本的表現。「孝弟也者，其為仁之本與。」還有克制自己的慾望及遵循禮節也是仁的基本特性：「克己復禮為仁。」同時，克己是德性；守禮亦是德性。

——義——

義是儒家倫理第二核心元素。義指道路，意味着合適、恰當、正確的意思。《論語》對「義」有下列的闡釋：

（一）「見義不為，無勇也。」

（二）「君子之于天下也，無適也，無莫也，義之與比。」

（三）「德之不修，學之不講，聞義不能徙，不善不能改，是吾憂也。」

（四）「飯疏食飲水，曲肱而枕之，樂亦在其中矣。不義而富且貴，於我如浮雲。」

（五）「君子義以為質，禮以行之，孫以出之，信以成之。君子哉！」

（六）「隱居以求其志，行義以達其道。」

（七）子路曰：「君子尚勇乎？」子曰：「君子義以為上。君子有勇而無義為亂，小人有勇而無義為盜。」

其餘的儒學經典，都會在論語釋義的範圍內闡釋「義」的涵義。

——禮——

禮治的社會秩序是儒家的理想世界，儒家對禮有很詳細的論述。

儒家認為，治國要依禮，所謂「為國以禮」；做人也要循禮，所謂「不學禮，無以

立」。孔子常以禮來教導學生。弟子顏淵報道「夫子循循然善誘人，博我以文，約我以禮。」、「君子博學於文，約之以禮。」「非禮勿視、非禮勿聽，非禮勿言，非禮勿動。」孝敬父母，禮更不可少：「生事之以禮，死葬之以禮，祭之以禮。」孔子推崇周禮，視為禮的標準。然而，孔子在禮學上的獨特貢獻，是倡議以仁義建立遵禮的合理性、合適性。禮必須正當、適合，守禮循禮才能產生善行，否則就會徒具形式。禮在仁義的作用下，才會衍生恰當的反應與行為。沒有仁義支撐的禮，會淪為合理行為的阻礙、自由的枷鎖。仁與義的注入，給禮予道德內容，協調人際關係，達致和諧。較之於刑法，用禮治國家效用更大：「道之以政，齊之以刑，民而無恥；道之以德，齊之以禮，有恥且格。」禮之效用，是達致和諧：「禮之用，和為貴。」

美德

人實踐仁、義、禮，就會產生各種善行，成就道德的人。人的善行亦來自人可有的美德，貫徹美德的是道德的人。君子是道德人的典範，擁有及踐行各種美德，道德修養很高，充分實現仁義禮德性的理想人格。除了仁義禮三個超級德性之外，儒家倫理還提出了很多的德性，它們都是君子所擁有的人格特質。儒家倫理根本上是以美德為本的倫理學，從儒家的倡議的道德條目，或對君子小人之分的論述中，展示了以下的主要儒教重要美德：智、仁、勇、恭、寬、信、敏、惠、剛毅木訥、克己復禮。

儒教中其他論述的德性的一些有代表性條目如下：

（一）「博學而篤志，切問而近思，仁在其中矣。」
（二）「志士仁人，無求生以害仁，有殺身以成仁。」
（三）「見義不為，無勇也。」
（四）「君子有勇而無義為亂，小人有勇而無義為盜。」
（五）「仁者必有勇，勇者不必有仁。」
（六）「君子喻以義，小人喻以利。」
（七）「群居終日，言不及義，好行小慧，鮮矣仁。」
（八）「巧言令色，鮮矣仁。」
（九）「人而無信，不知其可也。」
（十）「敬事而信。」
（十一）「君子泰而不驕，小人驕而不泰。」
（十二）「君子之於天下也，無適也，無莫也，義之與比。」

這些古代的德性，哪些仍適用於今天的商業社會，需要詳細的詮釋。

——人本——

儒教基本上是以人為本的世俗文化，跟以神為本的文化（基督文化、回教文化）有很大的差異。表述人本精神最清楚的莫過於孔子論述仁的來源了：「仁遠乎哉？我欲仁，斯仁至矣。」意思是，仁不是跟人距離很遠的東西，只要人有實現仁的意願，仁愛之行就可出現。簡言之，仁是內在於人，不是外來的（如神明或天）。仁心內於人性等於是說人本身就是道德來源，道德不是來自外在的神，儒教因此是以人為本的文化，內涵了強烈的人文主義。儒教之道德與人性的結合，完成於孟子的「四端說」的論述：

（一）「惻隱之心，人皆有之；羞惡之心，人皆有之；恭敬之心，人皆有之；是非之心，人皆有之。」

（二）「仁、義、禮、智，非由外鑠我也，我固有之。」

（三）「仁、義、禮、智根於心。」

（四）「惻隱之心，仁之端也；羞惡之心，義之端也；辭讓之心，禮之端也；是非之心，智之端也。人之有四端也，猶其有四體也。」

孔孟的論述奠下了儒家人本倫理根基：人人皆有仁、義、禮、智、信等道德潛能；

不論窮富、權位、學問、年齡、性別，只要發揮人的道德的心，就可以產生道德行為，做有道德的人。儒教的「人人皆可為堯舜」表述了仁心之平等，儒教這個觀點與佛教的「人人皆可成佛」，道家的「道大、天大、地大、人亦大」的平等觀互相輝映，融入在中華文化之中。儒教認為人既擁有仁心，只要有不移的行善意志及不懈的道德努力，人人都可成聖成賢。佛教同樣肯定佛性人人皆有，不斷地修煉自我，成佛之路必會達致。

回顧上文霍夫斯塔德文化方向盤所呈現的中華組織文化的大部分特性，包括集體主義，大權力距離、剛性社會、不迴避不明確性，務實（長線取向）及控制慾望六個特性，與中華文化的特質大致上是互相呼應的。補充霍夫斯塔德一般性的描述，下文就中華文化在企業或組織層面上表現的幾個特質：家族主義、人情關係主義、家長主義、威權主義、人治（Ip, 1999, 2000, 2003a, 2003b, 2002, 2009, 2011, 2013, 2016；葉保強 2015），作更具體的論述。

——家族主義——

基於親親的文化傳統，華人非常重視家族，社會的長期穩定事實上都依靠家族。家族本身是以血緣為本的集體，家族集體主義盛行於華人社會，其要旨是，家族利益高於個人利益，當家族利益與個人利益發生矛盾時，個人必須調整、壓抑甚至犧牲利益來成就家族利益。維護及延續家族利益是華人的一般行為目標、動力及責任。華人家族成員包括了有直接或間接的血緣關係的人。華人對家族有極高的忠誠與認同，視努力為家族爭光是人生的責任，視自己的失敗會令家族蒙羞；家族的成就加強了自我的肯定，家族的失敗會是自我的挫敗。華人甚至為了維護家族而犧牲自己的事業或婚姻。家族是集體，個人幸福只能在集體幸福中得到實現，離開家族的昌盛就沒有個人的快樂。家族集體主義塑造了獨特的以「關係為本」的自我形態，即，自我的意義、位置、感情、思想、行為取向，都受個人的家族關係所塑造及影響。換言之，沒有家族元素的獨立自我觀念是不存在的。長期在家族的影響及壓力下，華人形成了高度依賴群體的自我，經常遷就或逢迎群體的意向而壓抑自我，形成合眾或趨同（conformist）的性格傾向，缺乏獨立自主的個性。華人只以家族為信任的對象，不信任外人，奉行「親疏有別」，「內外有別」的差別對待熟人與生人（無家族關係的），家族之外很難與生人聯繫成持久的互信社群（community），導致公民意識及國家觀念薄弱；無怪華人離開家族，就成一盤散沙，很難與陌生人組成公民社會。

人情關係主義

家族集體主義影響下，家族關係成為了人際關係的模範。家族是初級社會團體，成員之間以血緣紐帶連結，以個人感情聯繫起來，形成以情為本的親密社團。成員通過經常的接觸與交往，彼此發展深入了解及情誼。成員之間的聯繫建基在熟悉及感情上，彼此互動合作，以人情主導，以關係取向。簡言之，感情及關係的有無或輕重，決定了互動、合作、互信的程度，甚至是否會有互動、合作或互信的發生。在利益及機會的給予或交換上，人情或關係是關鍵的準則。順口溜「有關係就沒關係，無關係就有關係」正是關係取向鮮明陳述。不少人認為，華人社會的講關係、搞關係、靠關係、晒關係的關係學已成為做生意取勝之道。關係主義其實源自儒家對「親親」（親愛你的家族成員）的社會後果，亦是家族集體主義的自然產物。

家長主義

家長主義（paternalism）是一種父權主義（patriarchy），是以家長對待子女方式來對待他人的做事原則與態度。家長主義者以關愛受惠者及照顧他們利益為由，毋須先得到受惠者的同意就事事為他們作主。家長主義引起爭議之處，是這個行事方式壓制或剝奪了受惠者的自由及自主，以受惠者利益為名，侵犯或壓抑了受惠者的選擇自由。按家長主義，家長掌握所有真理，動機善良，一切為受惠者着想，受惠者無理由抗拒或反對。問題是，導向地獄的路經常是以善良動機鋪設的。家長主義加上威權主義及集體主義逼人走向地獄的風險愈高。不少華人社會視官員為大家長，企業主亦常以大家長的姿態來對待員工，要求員工視企業為大家族。傳統中國的店主稱僱員為長工，即長期僱用員工。一旦成為長工，店主就有義務照顧員工的衣食起居及其他私人的事，如同家長照顧子女一般。大家長作風唯我獨尊，員工必須言聽計從；大家長可以為所欲為，因為他是為了對方好，知道什麼是最好的，尤其重要的是，權力與權威都集中在他人身上。

威權主義

威權主義跟父權主義是連體嬰，兩者都與家族集體主義關係密切。家族權威是族長或宗子，權力、財政、道德、傳統、智慧、慈悲集於一身，自然成為至高無上的權威。華人社會是父權社會，父權權威所形成的威權主義表現為：權威的思想、指令、決定、判斷、地位及行為只能接受、依從，不容質疑的，不能反對、異議。威權主義很容易養成威權者自大、獨斷、專橫、自以為是、目中無人的人格特質；強化了威權者喜歡駕馭、主宰、操控、欺凌他人；喜歡將自己的喜好、價值、意見強加到他人的習性。在社群中，威權主義容易形成「一言堂」及導致個人崇拜，養育成員的畏懼及依賴權威的懦怯性格，令威權者的惡行變本加厲。威權主義的極端表現是，權威變成了真理道德的化身，對錯是非的標準。威權主義排斥平等對待原則，權威的人自視高人一等，待人如君臨天下，發號施令。家族集體主義、父權主義及威權主義都建基在層級及不平等的關係上，家族中人與人之關係是垂直而非水平的：上尊下卑、論資排輩。將此人倫的秩序推廣成社會秩序，層級森嚴、等級不平等成為社會的主結構。

——人治模式——

威權主義、家長主義的共性是人治。威權主義治理者是坐高位擁大權的人，行事決斷的基礎是權威、權位；家長主義的治理者是家長，治理原則是其個人的喜好及判斷，兩者的治理方式都不是靠規則或制度，而是靠個人的判斷或偏好。人治的問題是，同一類事，同一家長的判斷可以此一時，彼一時，前後不一致；同一類的行為，家長甲可以判定是對的，家長乙可以視為錯的。人治模式帶來極大的隨意性，行為的對錯善惡因人而異，產生混亂及不穩定，令人無所適從。就算是英明神武的治理者，都難免主觀及容易出錯，製造不公平。但世間英明治理者萬中無一，在多數平庸或劣質的治理者下，人治帶來的損失害處就不言而喻了。

事實上，上述的各種特質都和家族主義有非常密切的關係，就算它們不完全是直接由其衍生出來的話。家族作為至高無上的價值的前提下，家族的一些基本元素，包括大家長制、威權治事、人情聯繫、關係至上、人治之本等行為基本原則，在組織上自然成為重要的待人接物、公司治理的原則。在實際執行上，家族主義、家長主義、威權主義、人情關係主義，人治彼此融合，互相支持及強化，形成華商的組織文化[註四]。

這些華商文化元素與霍氏架構的六個元素：權力距離、集體主義、剛性、迴避不確定性、長線取向、放縱等在觀念上大致上是互相呼應或一致的。就算單以家族主義這一特性而言，它就與權力距離、集體主義、剛性這三個元素有密切的關係，而迴避不確定性、長線取向則與中國農耕文化有着密切的關係。此外，放縱的反面是約束或謹慎，正是儒教崇尚的德性。

家族企業

跟其他中華文化社區的華商一樣，香港華商的企業都不同程度地展示了上述華商文化的內涵，其中最明顯之一是家族主義（鄭宏泰、黃紹倫，2014；Redding, 1993; Wong, 1985）。香港華商家族經營的方式，由來已久。自開埠起，華商集中地南北行的老字號如乾泰隆及元發行，都是有名的家族企業。香港不同行業著名的華商，包括維他奶公司、先施百貨、永安百貨及四大地產商都是家族企業。此外，華資銀行方面，東亞銀行、永亨銀行及永隆銀行都是很好的例子。家族主義是家族企業最容易辨認的文化標記，跟家族主義關聯密切的其他特質，包括家長制、權威主義、人情關係主義、人治等都會成為華商公司文化的重要構成元素。

四 這些結果，是多數只停留在理念或理想層面論述中華文化的傳統文化學者所難以察覺到的。

05 恒生文化與華商文化

二十一世紀的香港，經歷一個世紀多的奮鬥與努力已晉身國際金融中心，面對本世紀的各種挑戰與考驗，誕生及形成於上世紀五六十年代的恒生銀行公司文化是否已經老舊過時，與時代脫節？還是仍有值得保留的價值，適用於今天的商業環境？回答這個問題，不妨試問恒生公司文化是否有普遍性，是否內含普遍的元素，為其他優秀的企業共有？（葉保強，2016，2019；Collins, & Porras, 1994）就以華人社會而言，是否有其他的出色華商企業擁有類似於恒生銀行公司文化的元素？

無獨有偶，何善衡創製恒生銀行的公司文化，跟台灣的高清愿打造統一集團公司文化，有不少雷同之處（（莊素玉，1999；高清愿，1999；葉保強，2019））。高清愿在一九六七年創辦統一集團，這家食品業龍頭的公司文化核心價值，包括「三好一公道」[註五]、誠實苦幹、創新求進，人情管理、人和管理，感恩文化、正派經營、用人唯德，好學向上、以人為本，以客為尊、社會責任等，基本上是高清愿個人價值的反映。

高清愿在一九二九年出生，自小家境清貧，被迫小學畢業即當童工，靠微薄工資撐起家計。十三歲隨母親到台南謀生，在吳修齊創辦的新和興布行當學徒。吳修齊是台南商幫之領頭人物，從商重德，民眾愛戴註六。高清愿的個人價值來自母親的教誨，從台南幫諸創辦人中學到經商之道。何善衡及高清愿在年齡上是同代人，兩人出身寒微，讀書不多，自小當童工，勤儉好學，自強不息，上進心強，自行創業，尊德性，重人情，好感恩等。雖然兩人分居兩地，何善衡從事金融業，高清愿經營食品業，但兩人創製的公司文化卻有不少重疊的元素，其中最為明顯的是儒教元素。如上文言，中華文化的核心乃儒教價值，受中華文化熏陶的華人自然有儒教文化基因，華商打造之公司文化沒有儒教內涵幾乎是不可能的。何善衡與高清愿在文化上同屬一源，擁有共同的價值是順理成章。恒生文化與統一文化，兩者同中有異，異中有同，都是中華商道在台港兩地兩個不同的呈現。推而廣之，華人社會中其他優質的企業擁有兩家公司的文化要素應是合理的推斷。一言蔽之，恒生文化如統一文化一樣，都擁有普遍的元素。值得重視的是，普遍性的價值都具有道德正當性，而道德正當性的價值是建基在善及合理的道德基礎上的價值，因此獲得社會的認同及接受。由此觀之，建基在具普遍性價值的公司文化，方能成就歷久彌新的百年企業。發掘、保存、發揚普遍性的價值，亦是中華商道必由之道。具體而言，究竟恒生文化具備哪些普遍價值，令其可以跨越時代，值得保留及傳承？

HANG SENG BANK

五・「三好」是「質量好，服務好，信用好」，「一公道」是「價格公道」。三好一公道是吳氏兄弟在新和與布行時的經營原則，布行在質量、服務，信用等享有盛名，成為商人典範。

六・高清愿在二零一六年去世。

回答上述問題，不妨重溫何善衡的價值觀及恒生文化的基本元素。下面扼要重述何善衡的價值系統中的三大組合的基本元素：

◎**（一）領導人要素：**

（1）好品德：取善輔仁；

（2）責任感：敢於承擔，不折不撓；

（3）決斷力：敢於作為，決策果斷，審思慎行；

（4）領導下屬：寬嚴有度，公私分明，勸善糾錯，識才育才，選賢與能，親之近之，人情與規則兼顧等。

◎**（二）職場倫理：**

（1）待客之道：以客為尊，以誠待客，了解客人，回應需要，以禮相待，不分富

貧。「交易不論大小，均須一視同仁，不可輕此重彼，尤其注意普羅大眾的對待」。

(2) 上下關係：「必須相輔相成，如指臂之相應。」；繫之以情：「應互相關懷，要出於誠意……」上級下屬，不能單靠權力，應輔以情感，贏得尊重，上下融洽。

(3) 同級相待：以禮相待，不以小禮而不為：「早上見面就叫早安，同事有得意的事，向他道賀；失意時，向他慰問。」

(4) 工作倫理：開誠布公，集思廣益，準備充足，坐言起行，理論結合實際，不斷改善。

◎ **(三) 商人修養：**

(1) 涵養品德：溫、良、恭、儉、讓等儒教美德。「有忠厚的存心，純良的品性，勤謹的工作，謙恭的態度。」

(2) 自我充實：「以學識為體，經驗為用」。辨別善惡，與時並進，不斷學習。

(3) 知錯能過：勇於認錯，不諉過於人。

(4) 知恩圖報：人不忘本，飲水思源，報答恩人，回饋社會。

上列元素有一定的普遍性，應無太大的爭議，它們並不局限於某一過去的年代，而是可以跨時代的。值得重提的是，以上不少元素以及轉化成恒生文化的元素都是何善衡跟身教言教的實踐結果，是他的真實價值的反映。另方面，承認恒生早期文化之普遍元素的同時，不應生劏活剝原封不動地遵守，更不應奉為如絕對真理般的教條，而應作批判及創新的解讀及吸納，形成富有現代意義及可實踐的文化資源。

恒生文化的基本元素，包括大家庭文化、家長制、用人哲學、待客之道、好學社群、品德為上、念舊文化、街坊銀行、回饋社會等，主要是何善衡的價值觀的體現及落實。銀行是服務業，恒生鎖定「服務大眾，人客至上」為其經營方針，正是找着行業的核心價值，亦是何善衡之以客為尊的信念的直接反映。重要的是，何善衡通過制定可行的服務守則（如善伯八條）及對員工不斷地培訓，成功地將這個價值轉化成公司文化及付之實現。關鍵在於，正確的方針及宏大理想不會只停留在文字層面，而是被轉變為被客戶真實地感受到的態度與行為。此外，公司文化其他元素如用人之道、品德為上、念舊文化等的內容跟何善衡的價值觀亦有緊密的聯繫，不贅。以下不妨先回顧及簡評好學社群、街坊銀行、回饋社會、大家庭文化等的內容及對家長制及家族主義作檢討。

（一）好學社群：何善衡奉行「做到老、學到老，邊做邊學，邊學邊做。」的終身學習態度，在大家長的身教言教影響下，上行下效，不停學習，吸納新知蔚然成風，恒生有現代的學習型組織的雛形。

（二）街坊銀行：恒生以扎根香港，服務街坊為策略，將銀行服務普羅化，貫徹以客為尊的服務，與平民建立情感聯繫，贏得信任與支持，成為民眾愛戴的街坊銀行。恒生之所以成功地成為港人的街坊銀行，主要是貫徹了扎根本土的大策略。今天雖然是網絡商業流行，然而，人與人的實體接觸、在地的緊密聯繫仍是不可取代的。

（三）回饋社會：何善衡對員工提供獎學金，讓他們出國進修學習。何善衡的願景是，員工不單是好員工，同時是好公民。恒生兼任家庭及學校的角色，不單為組織育才，同時亦為社會育才，恒生商學書院的創立，正是最好證明。優秀的公司領導人都會明白公司受益於社會匪淺，商業之根在社會，沒有社會就沒有商業，回饋社會，維護公共利益是公司應有的責任，與社會共存共榮是經營應有之義。

（四）大家庭文化：因為在組織內，大家庭文化其中一個表現是，年輕的同事，「對資深的同事及主管，當以對待長輩一般的態度，接受他們的培訓及引導，表現出敬愛的心，有若尊敬孝愛自己父母師長。」值得注意的是，大家庭文化並不只限於家族或血緣為本的文化，而還內含「互相信任、維護、扶持的愛心與敬意。」的涵義。再者，按何善衡要求「恒生也是一間學校。」大家庭文化的範圍不限於家庭，還廣及社會。若大家庭文化按此解讀，其普遍性是不難理解的。

（五）家長制：恒生早期文化含明顯的家長制及伴隨的威權色彩，是不足為奇的。家長制與威權文化在華人社會中根深柢固，傳統華人公司都普遍有這些特性。事實上，昔日的香港，公司創辦人誰不具備不同程度的威權色彩？哪家商號的治理不是某種形式的家長制？這是文化使然，傳統的結果，不必忌諱。家長制下，大家長一言九鼎，定於一尊。員工的職場潛規則：必須完全服從上司的權威，維護上司的權威及面子，對上司的指令唯命是從，不宜有自己的看法，或更不要提出質疑。在現代文明社會中，家長制及威權文化不受人歡迎，亦不會是主流，但在不少威權文化傳統很深的社會，家長制及威權主義仍相當普遍。香港是國際大都會，但仍有很深的華人文化傳統，然而，優秀的公司都會與時並進，接受尊重人權、個人尊嚴、公平、正義等普世價值，同時亦了解家長制或威權主義不會受員工認同及支持，因此不會盲從傳統，並悉力避免家長制及其負面效應。

（六）家族主義：家族主義是華商的基本特質，家長制是其直接的效果，如何理順恒生文化與家族主義的關係，是值得檢討的。首先，家族主義可分優質及惡質兩種。簡言之，優質家族主義可對個人、組織及社會產生良好效果。惡質家族主義則會導致個人、組織及社會不良的效果。恒生文化中的一家親、重人情、重關係、尚和諧等若能善加處理及發揮，應可成就優質的家族主義，衍生包括信任、關照、團結、合作、感情、忠心、奉獻、和諧等良性元素，促成及維繫積極的組織或社會行為，令成員同心同德，團結一致，互相支持，維護組織及社會利益，減低社會交易成本，提高團隊效能。

惡質的家族主義包含的負面元素，包括唯我獨尊的大家長風格，重權威而輕說理，一言堂的獨裁格局，排斥集思廣益，窒息自由的表達及交流，妨礙真相的披露，掩飾錯誤，助長偏見，死不認錯，容易導致重大的失誤，製造禍害，對個人、組織及社會都有害。況且，一言九鼎的作風亦會養成不敢自由表達意見，只會討好上司的唯唯諾諾的下屬，加強大家長自以為是的狂妄，增加犯錯的風險。此外，惡質家族主義亦容易滋生崇長抑幼，尊上卑下的從屬等級性的人際關係。再者，論資排輩與論功行賞的分配原則不符，亦不利於組織內人際的平等尊重與對待。

今日的文明社會尚崇人格平等、尊重個性，人際的不平等妨礙公司的合作，對建立及維繫團隊製造困難。其次，家族主義由於過分重親情族誼，很容易衍生用人唯親的裙帶陋習，違反選賢與能的賢才原則，造成人事上的不公平，容易導致人才流失。還有，家族主義亦常以集體之名而至壓抑個體，與今天尊重個體的普世價值不一致。無論如何，如何發揮家族主義的優質元素而摒除其惡質成分，肯定是一項不簡單的文化再造工程，也是恒生文化能成就優質華商文化所要重視的事。

總的來說，要令公司基業長青，具備普遍的價值自然是關鍵，但普遍價值並不局限於中華傳統，在地球村的其他文化亦有不少的優質元素，值得學習及吸納，與傳統元素作有機的融合。值得注意的是，優秀公司除了好價值外，還需要健全的規則制度及優質的人才，三者互相配合，彼此支援，方能維持優質，永續經營。華商文化能否成為世界級公司文化，有賴是否成功地糅合及落實三者。

恒生點滴

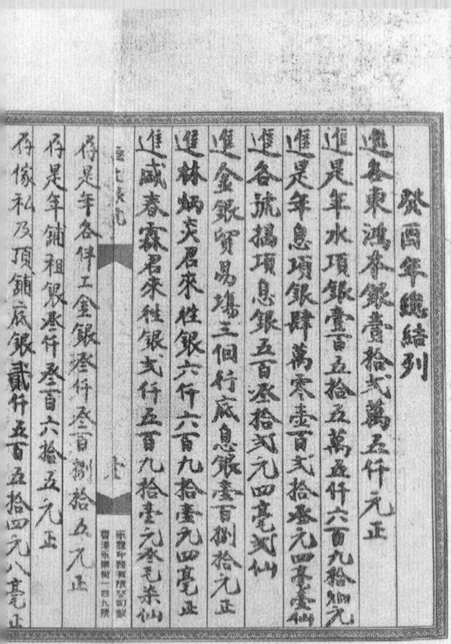

• 恒生銀號 1933 年、開業首年的年結帳簿。

• 恒生銀號租用永樂街物業，圖為 1939 年 10 月的租金收據，月租二百多元。

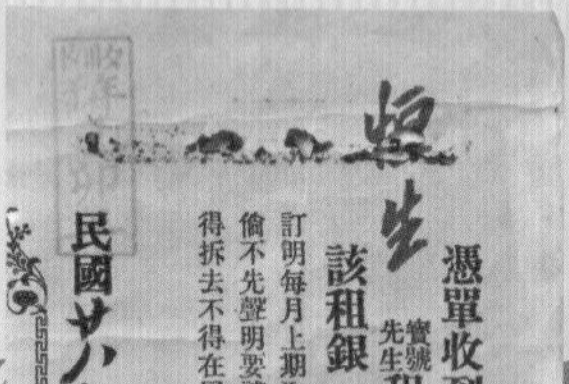

• 恒生銀號永樂行舊舖的木製招牌，仍然保存完好。

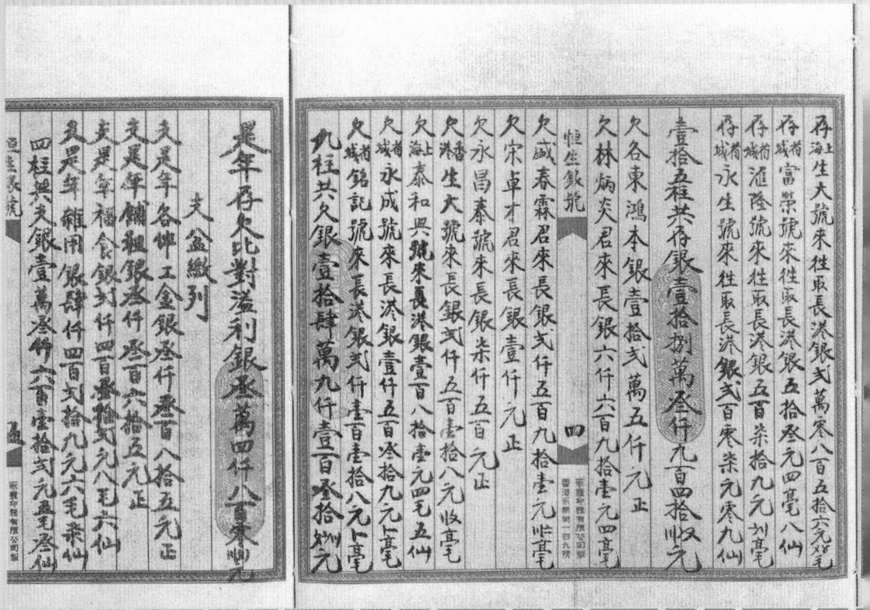

存上海生大號來往取長港銀弍萬零八百五拾六元[illegible]毫
存省城富榮號來往取長港銀五拾叁元四毫八仙
存省城滙隆號來往取長港銀五百柒拾九元[illegible]毫
存省城永生號來往取長港銀弍百零柒元零九仙
壹拾五程共存銀壹拾捌萬叁仟九百四拾[illegible]元
欠各東鴻本銀壹拾弍萬五仟元正
欠林炳炎君來長銀六仟六百九拾壹元四毫
欠盛春霖君來長銀弍仟五百九拾壹元[illegible]毫

恒生銀號 四

欠宋卓才君來長銀壹仟元正
欠永昌泰號來長銀柒仟五百元正
欠香港生大號來長銀弍仟五百壹拾八元[illegible]毫
欠上海泰和興號來長港銀壹百八拾壹元四毛五仙
欠省城永成號來長港銀壹仟五百叁拾九元[illegible]毫
欠省城銘記號來長港銀弍仟壹百壹拾八元[illegible]毫
九程共欠銀壹拾肆萬九仟壹百叁拾捌元

是年存欠比對溢利銀叁萬四仟八百[illegible]元
支盆繳列
支是年各伴工金銀叁仟叁百八拾五元正
支是年舖租銀叁仟叁百六拾五元正
支是年福食銀弍仟四百叁拾弍元八毛六仙
支是年雜用銀肆仟四百弍拾九元六毛柒仙
四程共支銀壹萬叁仟六百壹拾弍元五毛叁仙

恒生銀號

• 1949 年元旦，恒生銀號同人合照留念，前第二排中為何善衡。

• 恒生 1954 年至 1996 年的行徽，設計包含中國古錢和車輪圖案。

• 恒生銀行的《職員規則手冊》，供員工閱讀，作為處事依據。

• 恒生銀行重視員工培訓，圖為在九龍總行舉辦的「初級銀行業務進修班」。

• 皇后大道中 163 至 165 號的總行大廈 1953 年落成啟用，高級職員在開幕典禮留影，前左三為何善衡。

一九六二年十二月卅四日為
恒生銀行成立三十週年暨總行大厦落成紀慶之辰
嘉賓雲集盛況空前余與攝影名家周宗濂葉乃揚二
君以黑白彩色及幻燈片分別攝存貽為永念苻綴蕪
詞以頌之曰

雄圖駿展　卅匝星躔　大厦落成　輪焉奐焉
雄視香海　高峙南天　揭幕大典　盛況空前
賀客盈門　裙屐翩翩　觥籌交錯　喜語珠聯
攝入寶鏡　裝為錦篇　載拜頌祝　其業萬年

恒生銀行惠存
胡漢輝敬貽

• 1962 年，恒生銀行位於德輔道中 77 號的第二間總行大廈啟用，是年為銀行 30 周年，行方舉行盛大的慶祝典禮，商界碩彥、社會領袖雲集。圖為「金王」胡漢輝記述當天盛況的頌詞。

20. 葉保強，2005，「商業倫理：組織文化與組織倫理」，刊於朱建民、葉保強、李瑞全，《應用倫理學與現代社會》，179-324 頁，蘆洲市：空中大學。

21. 葉保強，2016，《職場倫理》，台北：五南圖書。

22. 葉保強，2019，《企業文化的創造與傳承》，台北：五南圖書。

23. 劉智鵬，2016，「香港人口組成與流動」，賽馬會香港歷史學習計劃，1 月 27 日專題講座，http://commons.ln.edu.hk/cgi/viewcontent.cgi?article=1002&context=jchkhlp_talks，2019 年 10 月 10 日下載。

24. 蔡寶瓊，2008，主編《千針萬線：香港成衣工人口述史》，香港：進一步多媒體有限公司。

25. 鄭伯壎、黃敏萍，2005，「華人組織中的領導」，刊於楊國樞、黃光國、楊中芳編，《華人本土心理學》（下），749-787 頁。台北：遠流。

26. 鄭宏泰，2014，「商業文化」，刊於王國華，主編，《香港文化導論》，香港 ：中華書局，第一章。

27. 鄭宏泰、黃紹倫，2014，《商城記：香港家族企業縱橫談》，香港：中華書局。

28. 薛曉光，1993，「「老百姓銀行」的董事長利國偉」，《香港聯合報》，7 月 18 日。

29. 寶兒，2015，「新蒲崗工業，當年風光」，6 月 17 日，https://poyee.me/2015/06/17/新蒲崗工業，2019 年 4 月 10 日下載。

中文主要參考文獻

1. 王賡武，2016，《香港史新編》（增訂版），香港 ：三聯書店。
2. 何善衡，1969，《閱世淺談》，香港 ：恒生銀行。
3. 何善衡，1969，《閱世淺談，續篇》，香港：恒生銀行。
4. 何善衡，1983，《閱世淺談》，香港 ：恒生銀行。（按：本書將《閱世淺談》、《閱世淺談，續篇》合併為一）
5. 何善衡，華人百科，https://www.itsfun.com.tw/ 何善衡 /wiki-4670276-3407056，2018.12.20 下載。
6. 余繩武、劉存寬，1994，《十九世紀的香港》，北京：中華書局。
7. 邢慕寰、金耀基，1985，《香港之發展經驗》，香港：香港中文大學出版社。
8. 亞洲電視，2012，「何善衡：低調行善的儒商」，編著，《香港百人》下冊，2-7 頁，香港：中華書局。
9. 恒生銀行，1962，《恒生銀行成立三十周年暨總行新廈落成紀慶》，香港 ：恒生銀行。
10. 恒生銀行，1984，《恒慧三十篇》，香港：恒生銀行。香港記憶 A：「工資及生活費用」，https://www.hkmemory.hk/collections/prewar_industry/topics/topic6/index_cht.html，2019 年 6 月 2 日下載。
11. 香港記憶 B：「香港戰後工業發展，山寨廠」，https://www.hkmemory.hk/MHK/collections/postwar_industries/industrialization_in_ postwar_hong_kong/index_cht.html，2019 年 6 月 2 日下載。
12. 高清愿，1999，《咖啡時間——談經營心得，聊人生體驗》，台北：商訊文化。
13. 區慕彰、羅文華，2011，《中國銀行發展史——由晚清至當下》，香港 ：香港城市大學出版社。
14. 張麗，2000，「二十世紀早期香港華人職業構成及生活狀況」，《近代中國與世界》（第二卷），337-355 頁。http://jds.cssn.cn/webpic/web/jdsww/UploadFiles/ztsjk/2010/12/201012101512010103.pdf，2019 年 3 月 10 日下載。
15. 張麗，2001，「20 世紀上半期香港社會結構分層研究」，《中國社會科學院近代史研究所青年學術論壇 2001 年卷》，http://jds.cass.cn/Item/505.aspx，2019 年 3 月 10 日下載。
16. 梁德輝，2016，「潔姐的故事」，*Cultural Studies* 51 期，3 月。https://www.ln.edu.hk/mcsln/51st_issue/interview_01.shtml，2020 年 2 月 2 日下載。
17. 莊素玉，1999，《無私的開創 ： 高清愿傳》，台北 ：天下文化。
18. 馮邦彥，1997，《香港華資財團 1841-1997》，香港：三聯出版。
19. 馮邦彥，2012，《香港金融史，1841-2017》，香港 ：三聯書店。

15. Hopkins, K. 1971. Ed. *Hong Kong: The Industrial Colony*. Hong Kong: Oxford University Press.
16. Ip, P. K. 1999. The Philosophical Traditions of the People of Hong Kong and Their Relationships to Contemporary Business Ethics. In Patricia W. and Singer, A. Eds. *Business Ethics in Theory and Practice: Contributions From Asia and New Zealand*, pp. 189-204. Dordrecht, The Netherlands: Kluwer Academic Publishers.
17. Ip, P. K. 2000. Developing Virtuous Corporation with Chinese Characteristics for the Twenty First Century. In Richter, F-J. Ed. *The Dragon Millennium: Chinese Business in the Coming World Economy*, pp. 183-206. Westport, Connecticut: Quorum Books.
18. Ip, P. K. 2002. The Weizhi Group of Xian: Profile of a Chinese Virtuous Corporation. *Journal of Business Ethics* 35: 15-26.
19. Ip, P. K. 2003a. "A Corporation for the "World", The Vantone Group of China. *Business and Society Review* 108: 33-60.
20. Ip, P. K. 2003b. Business Ethics and a State-owned Enterprise in China. *Business Ethics: A European Review* 12: 64-75.
21. Ip, P. K. 2009a. Is Confucianism Good for Business Ethics in China? *Journal of Business Ethics* 88: 463-476.
22. Ip, P. K. 2009b. Developing A Concept of Workplace Well-Being For Greater China. *Social Indicator Research*, 91, 59-77.
23. Ip, P. K. 2011. Practical Wisdom of Confucian Ethical Leadership-A Critical Inquiry. *Journal of Management Development* 30: 685-696.
24. Ip, P. K. 2013. Wang Dao Management As Wise Management. In Thompson, M. & Bevan, D. (Eds.), *Wise Management in Organizational Complexity*, pp. 122-133. Hampshire, UK: Palgrave Macmillan.
25. Ip, P. K. 2016. Leadership in Chinese philosophical traditions-a critical perspective. In Habich, A. & Schmidpeter, R. (Eds.), *Cultural Roots of Sustainable Management: Practical Wisdom And Corporate Social Responsibility*, pp. 53-63. Switzerland: Springer.

英文主要參考文獻

1. Brown, A. 1995. *Organizational Culture*. London: Pitman Publishing.
2. Butters, H. R. 1939. *Report on Labour and Labour Conditions in Hong Kong*. In Legislative Council Sessional Papers.
3. Census & Statistics Department, Hong Kong, 1969. *Hong Kong Statistics 1947-1967*, https://www.statistics.gov.hk/pub/hist/1961_1970/B10100031967AN67E0100.pdf. Accessed 2020.01.20.
4. Chambers, G. 1991. *Hang Seng: The Evergrowing Bank*. Hong Kong: The Hang Seng Bank.
5. Chan, W. K. 1991. *The Making of Hong Kong Society*. New York: Oxford University Press.
6. Collins, J. C. & Porras, J. I. 1994. *Build to Last: Successful Habits of Visionary Companies*. New York: Harper Business.
7. Endacott, G.B. 1973. *A History of Hong Kong*. Second edition. Oxford: Oxford University Press.
8. EuroMoney, 2017. How Lee built Hang Seng's street cred. July 2. https://www.euromoney.com/article/b13j38mbgx4k61/how-lee-built-hang-seng39s-street-cred Accessed 2018.04.10.
9. Faure, D. 1997. Ed. *A Documentary History of Hong Kong: Society*. Oxford: Oxford University Press.
10. Gibbins, K. & Walker, I. 1993. Multiple Interpretations of the Rokeach Value Survey. *Journal of Social Psychology* 133 (6): 797-805.
11. Hofstede, G. 1980. *Culture's Consequences: International Differences in Work-related Values*. Beverly Hills, CA.: Sage Publications.
12. Hofstede, G., Neuijen, B., Ohayv, D. D. & Sanders, G. 1990. Measuring Organizational Cultures: A Qualitative and Quantitative Study across Twenty Cases. *Administrative Science Quarterly* 35(2): 286-316.
13. Hofstede, G. 1991. *Cultures and Organizations: Software of the Mind*. London: McGraw-Hill Book.
14. Hofstede, G., Hofstede, G. J. & Minkov, M. 2010. *Cultures and Organizations, Software of the Mind*. 3rd edition. New York: McGraw-Hill.

26. Kwan, S. 2009. (with Kwan, N.) *The Dragon and the Crown: Hong Kong Memoirs*. Hong Kong: Hong Kong University Press.
27. Miners, N. 1987. *Hong Kong under Imperial Rule*, 1912-1941. Oxford: Oxford University Press.
28. O'Reilly, C. A., & Chatman, J. A. 1996. Culture As Social Control: Corporations, Cults, And Commitment. In Staw, B. M. & Cummings, L. L. Eds., *Research in Organizational Behavior: An Annual Series of Analytical Essays and Critical Reviews*, Vol. 18, pp. 157-200. US: Elsevier Science/JAI Press.
29. Peters, T. J. & Waterman, R. H. Jr. 1982. *In Search of Excellence: Lessons from America's Best-Run Companies*. New York: Warner Books.
30. Redding, S. G. 1993. *The Spirit of Chinese Capitalism*. Berlin: Walter de Gruyter.
31. Rokeach, M. 1968. Beliefs, *Attitudes, And Values: A Theory of Organization and Change*. San Francisco, CA: Jossey-Bass.
32. Rokeach, M.1973. *The Nature of Human Values*. New York: The Free Press.
33. Schein E. H. 1983. The Role of the Founder in Creating Organizational Culture. *Organizational Dynamics* (Summer): 13-28.
34. Schein E. H. 1992. *Corporate Culture and Leadership*, Second Edition. San Francisco: Jossey-Bass Publishers.
35. Sinn, E. 2003. *Power and Charity: A Chinese Merchant Elite in Colonial Hong Kong*. Hong Kong: Hong Kong University Press.
36. Sinn, E.1994. *Growing with Hong Kong. The Bank of East Asia 1919-1994.* Hong Kong: Hong Kong University Press.
37. Tsai, J-F. 1993. *Hong Kong in Chinese History. Community and Social Unrest in the British Colony, 1842-1913*. New York: Columbia University Press.
38. Wong, Siu-lun, 1985. The Chinese Family Firm: A Model. *British Journal of Sociology* 36: 58-72.
39. Wong, Siu-lun, 1988. *Emigrant Entrepreneurs: Shanghai Industrialists in Hong Kong*. Hong Kong: Oxford University Press.

附錄二

訪談日期	姓名	機構/職位
2019年2月19日	梁綺媚女士	前恒生銀行財資風險主管、恒商校友
2019年2月19日	冼為堅博士	前恒生銀行獨立非執行董事
2019年2月20日	李慧敏女士	前恒管校董會主席、前恒生銀行副主席兼行政總裁、前滙豐銀行環球銀行業務中國內地香港主管
2019年2月21日	何子樑醫生	恒大校董會成員、何善衡慈善基金會董事、何善衡博士兒子
2019年2月25日	陸觀豪先生	恒大校董會成員、前恒生銀行常務董事兼副行政總裁

受訪人士名錄

訪談日期	姓名	機構/職位
2019 年 2 月 4 日	鄭錦波先生	恒大校務委員會成員、 恒商校友
2019 年 2 月 12 日	李錦鴻先生	前恒生銀行經理
2019 年 2 月 12 日	莫偉健先生	前恒生銀行常務 董事兼營運總監
2019 年 2 月 18 日	區翠華女士	前恒商副校長（行政）、 前恒生銀行職員、 恒商校友
2019 年 2 月 18 日	趙承志先生	前恒生銀行職員、 恒商校友
2019 年 2 月 19 日	張江亭先生	恒大校務委員會成員、 恒商校友
2019 年 2 月 19 日	關嘉宇先生	恒生銀行職員、 恒商校友

訪談日期	姓名	機構/職位
2019 年 11 月 4 日	馮孝忠先生	前恒生銀行執行董事 兼環球銀行及 資本市場業務主管
2019 年 11 月 4 日	梁永祥博士	恒大客席教授、 前恒生銀行執行董事兼 個人理財業務主管
2019 年 11 月 5 日	薛嘉明先生	恒生銀行客戶經理、 恒管校友

受訪人士名錄

訪談日期	姓名	機構/職位
2019年2月26日	林文河先生	恒大財務總監、 前恒生稽核部主管、 恒商校友
2019年2月26日	陳雪紅女士	恒大校務委員會成員、 前恒生銀行助理總經理兼 財監部主管
2019年2月28日	鄭海泉博士	前恒生銀行副董事長 兼行政總裁、 前滙豐銀行亞太區主席、 恒商校董會主席
2019年2月28日	馮鈺斌博士	恒大客席教授、 恒大校董會成員、 華僑永亨銀行非執行主席
2019年3月12日	唐慶綿女士	恒大校務委員會成員、 前恒生銀行助理總經理及 人力資源主管
2019年11月4日	馮漢章先生	前恒生銀行 中國業務部信貸經理

何善衡與恒生銀行早期文化

創辦人價值觀與公司文化構建——

作　　者　葉保強、何順文
編　　輯　陳伯添
設　　計　馬高、加菲
校　　對　李適存
出版經理　關詠賢
圖　　片　恒生銀行、政府新聞處、葉保強、何順文、istock

出　　版　信報出版社有限公司　HKEJ Publishing Limited
香港九龍觀塘勵業街 11 號聯僑廣場地下
電　　話　(852) 2856 7567
傳　　真　(852) 2579 1912
電　　郵　books@hkej.com

發　　行　春華發行代理有限公司 Spring Sino Limited
香港九龍觀塘海濱道 171 號申新証券大廈 8 樓
電　　話　(852) 2775 0388
傳　　真　(852) 2690 3898
電　　郵　admin@springsino.com.hk

台灣地區總經銷商
永盈出版行銷有限公司
台灣新北市新店區中正路 499 號 4 樓
電　　話　(886) 2 2218 0701
傳　　真　(886) 2 2218 0704

承　　印　美雅印刷製本有限公司
香港九龍觀塘榮業街 6 號海濱工業大廈 4 樓 A 室

出版日期　2020 年 10 月　初版

國際書號　978-988-74176-4-4
定　　價　港幣 148 ／ 新台幣 660
圖書分類　金融財經　香港銀行史　企業文化　商業史